变美很简单
#马锐带你妆#
Beauty
中国文史出版社

XU YAN

# 做自己的光

“做自己的光，不需要太亮，足以挨过寒冬和黑夜就好。”这是电影《深海》里的一句台词。第一次听到，就深深地烙在了我的心上，与我心底的一些东西重合。

世界上不会有完全相同的两片叶子，也不会有完全相同的两个人。要相信，我们每个人都是独一无二、不可替代的存在。我们要勇敢地大步向前，去开辟那条属于自己的人生之路。

## 我选择打怪升级的人生

17岁我孤身一人来到北京，到现在18年了，这18年里，我搬了19次家，相当于每次住不到一年的时间，我就要搬一次家。在第16年的时候，我在北京终于有了一个属于自己的家。

这就是北京，一个充满魔力的地方，尽管有很多人诟病北京的种种残酷，但你不得不承认，它是最有可能实现你梦想的城市。在这里，不管你有没有家庭背景，学历是高是低，只要你愿意，总能找到事情做，总会有一口饭吃，而你的努力和坚持，也能开出奇迹之花，我就是这样创造了自己的奇迹。

## 永远不要停下自己的脚步

很多了解我的朋友可能都知道，我有一个并不幸福的童年，父母在我很小的时候离异，母亲带走了妹妹，父亲重新组建了家庭。我被寄养在亲戚家整整 12 年。或许是这一段特殊的经历让我缺少安全感，养成了我步履不停的性格。只有马不停蹄地向前，不断发掘自己的潜能，让自己的职业一直行走在我规划的道路上，我才觉得踏实。

“人活着就是苦的，只要活着就不可避免的辛苦。因为舒服是留给死人的。”在很长时间里，我都用这样一句话鼓励自己。这个辛苦，是 12 岁就不得不独立面对生活的孤独跟窘迫，是在追寻自己梦想路上的各种挫折，是一次次彷徨不得志时的质疑跟犹豫，但它们最后又凝聚成一股强大的力量，反哺成就了现在的我。辛苦，似乎是每一个人成长的必经之路，而我现在对辛苦又有了新的理解。它就像我们人生打怪升级时遇到的各种关卡，关卡难度越大，游戏者也会越兴奋，而我们在闯关成功后的成就感也更大。

走到如今，也许在很多人眼里我已经获得世俗意义上的成功，不管是名气抑或是物质，我都有了，很多人都会劝我，马锐你已经很好了，你其实完全不必要这么辛苦，好好地享受你现在的事业带给你的结果就好了，为什么你还要自讨苦吃去创业呢？

只有我自己知道，是根植于我骨髓深处的不安全感，驱使着我不断往前行走，而现在这种被迫行走的驱动力已经成为我的主动选择，它让我找到了存在的意义和快乐。我很清楚，是我主动选择了打怪升级的人生，需要为自己的人生设置一个难度更高的关卡了。

## 彩妆，一片悄然飘落的羽毛

村上春树曾经这样形容，写小说的念头像一片羽毛一样从空中飘落，落在村上的掌心。村上略为吃惊但毫不迟疑地握住了，这是他的“天启”。而我的“天启”，则是彩妆。

可能很多人只知道我是明星们的造型师，却很少有人知道我其实是学表演出身。

刚来北京，我是打算学习表演的，那时候我对唱歌、主持这种表达

性的东西有极大的兴趣，觉得学表演很有意思，更适合自己爱玩的性格。后来我也如愿考上了北京的一所一本院校，但是由于家庭原因，最终我未能踏入大学校园学习表演。但我不想离开艺术这个行业，当时觉得哪怕学习一门与此相关的技术也好，于是我就选择了学习化妆，同时在大学选修表演课程。在此之前，我对化妆一无所知，只是在同学们演小品、排作业的时候，帮同学化妆，画个眉毛、画个胡子什么的。当时是完全不会化妆的，就纯属是玩儿。但就是在这个"玩儿"的过程中，我的老师发现了我有化妆的天赋，跟我建议说："其实化妆更适合你。"

老师的话，让我开始认真地考虑自己到底是适合表演还是化妆。人生的机遇往往都蕴藏在这样的抉择中。尽管那时候我并没有真正想明白自己想要的是什么，但是在学习化妆的过程中，我发现自己越来越喜欢这个职业，越来越享受用不同的色彩在脸上呈现出不同妆容、把别人变美的过程。

尽管是误打误撞进了这个化妆领域，可一旦真正喜欢并决定从事这行以后，我就会花很多时间去钻研这件事情，为了解不同人的面部结构，我会到处查阅各种不同的书，看很多美术风格鲜明的电影，听类型各异的音乐。那时候甚至会觉得自己听不同音乐的时候，化出来的妆竟然也是不一样的。就是这种对艺术如痴如醉的享受，让我觉得，这就是我真正喜爱的事业。从2006年至今，我一直坚守在这个行业中，乐此不疲，对我来说，踏入彩妆界既是机缘巧合，也是命中注定，它是在一个恰当的时机，飘落到我手中的羽毛，而我牢牢将它握住了。

## 做好当下每件事，尽管它们不是你最想要的

说起来，我真正学习化妆其实只有几个月的时间，而且由于经济条件所迫，当时我白天学习化妆，晚上在咖啡厅打工来补贴学费，留给实践的时间并不多。实际上，在学习完化妆以后的一年半时间里，我根本没有机会从事化妆工作，而是做了周边的各种助理工作，但我依旧很认真地对待每一份工作，直到专职做化妆助理一年以后，我遇到了人生当中第一个大展身手的机会，去给一部舞台剧的演员化妆，对于这个来之不易的机会，我做得非常认真，也非常用心，不出意外的，我努力创作的妆面，得到了当时剧组里面化妆老大的认可。我记得很清楚，那是 2007 年，自此之后，我迎来了自己事业的辉煌期。2007 年我接了 10 部舞台剧，其中最后一部话剧是由林兆华导演执导的《建筑大师》，由陶虹、濮存昕主演，这是我第一次跟大腕级的演员合作。

所以，当很多人问我成功的经历和经验时，我只想说，不要着急，认真做好当下的每一件事情，等待机会来临。如果我没有做过那么多份助理工作，我就不可能成为一名很好的化妆师，因为通过那些助理工作，我了解了与化妆师合作的每个细节的需求，作为助理我能够很好地提供他们想要的东西，这使我们的合作非常顺畅。

2009 年的时候，我已经在舞台剧这个领域取得了不菲的成绩，但我感觉舞台剧对于自己来说太局限了，我想要去尝试一些新的不一样的东西，于是毅然决定放弃舞台剧化妆造型方面已经取得的成绩，开始转型，向时尚造型和艺人宣传照方向发展。这也算是我为自己升级人生游戏难度的第一次尝试。

而这一次，我又取得了成功。

很多人对我和明星合作的过程十分好奇，其实为了提高合作的成功率，我在每次造型之前，都会做大量的准备工作。我首先在网络上搜索合作明星的所有图片，并把所有图片分成好看和不好看两大类，然后从眉毛、唇色、发型等方面分析为什么好看或不好看。在我看来，对于第一次合作的艺人，这些工作是非常重要且必要的，因为只有了解了她所有的信息资料，才会大大提高我们合作的成功率和艺人对我们的信任感，因此，这个习惯直到现在还一直伴随着我。

对于产品的使用，其实很简单，就是用最好的，但我们永远不要只提供一个品类的化妆品让明星做选择。我记得最初做化妆的时候，可能光粉底我就会带四十多瓶去让明星选择。每次出去工作，我至少要带三大箱化妆品，即使只是一个很简单的妆容，就有可能用到

四十多盘眼影、两百多支口红。只有提供应有尽有的、齐全的品牌，才能给艺人最专业的产品和服务。

我在帮明星们做造型的时候，经常对她们说的一句话就是“我爱你们”。我爱每一位与我合作的艺人，因为只有爱她，才能发现更美的她，这是至关重要的。

我的创作灵感来源于生活中的诸多细节，如某个艺术展，或某位大师的油画，或某个街边小店的一个茶杯，甚至天空或海洋，都可能使我找到灵感。总之，我深信，只有热爱生活、懂得观察生活的细节，才能创作出完美的作品。

我每年都会开启环球美学之旅，通过在不同国家的旅行见闻，感受各个国家独特的风土人情，从中获得大量灵感，把握国际流行趋势。

马锐和黄圣依

马锐和关悦

马锐和蒋梦婕

马锐和关晓彤

马锐和沈梦辰

马锐和华少

马锐和董又霖

马锐和黄渤

马锐和胡静

马锐和陈梓童

马锐和李静

马锐和曾可妮

马锐和金巧巧

马锐和包贝尔

马锐和包文婧

马锐和大 S

马锐和何穗

马锐和窦骁

马锐和杜海涛

马锐和江映蓉

马锐和海陆

马锐和李玉刚

马锐和陈赫

马锐和陈乔恩

马锐和胡兵

马锐和蒋欣

马锐和金晨

马锐和贾玲

马锐和黄奕

## 初心未变：发现美，传播美

从事美妆行业18年，在彩妆、发型及服装搭配等多元化的形象设计方面，我与300名以上的明星有过合作。我先后担任《时尚芭莎》《嘉人美妆》《ELLE》《悦己》等时尚杂志的封面造型设计及特约撰稿人，也是戛纳、威尼斯等众多国际电影节特约明星的指定造型师，并得过行业内很多有分量的奖项。近年来，我的身份也越来越多，除了成为《美丽俏佳人》《越淘越开心》等多档时尚节目的特邀专家，还跨界做过演员、歌手、主持人……

有人问我，马锐老师，你最喜欢自己的哪个身份？说实话，我都很喜欢。因为我其实是在做同一件事情，那就是传播专属于马锐的独特美学观念，只不过是通过音乐、节目、影视等多种多样的形式去表达和实现。我是第一个出单曲的化妆师，曾在人民大会堂举办过6500人的新歌发布会，我也是第一个可以做演员的化妆师……虽然有无数的第一次和第一个，但是对我来说，定位却完全不模糊。我只是用不同的方式去影响更多人，使更多人爱上美业，懂得如何使自己变美，更加爱自己，进而影响到身边更多的人。

马锐和栗坤

马锐和刘芸

马锐和柳岩

马锐和马伯谦

马锐和潘粤明

马锐和娄艺潇

马锐和佟大为

马锐和谭松韵

马锐和舒畅

马锐和秦岚

马锐和于正

马锐和唐艺昕

马锐和王鸥

马锐和张艺兴

马锐与贾青

马锐和尚雯婕

马锐和林心如

马锐和李斯丹妮

马锐和杨芸晴

马锐和鲁豫

马锐和王丽坤

马锐和罗云熙

马锐和田亮 & 叶一茜

马锐与王心凌

马锐和王大陆

马锐和檀健次

马锐和宋承宪

马锐和李宇春 & 苏红

马锐和吴宗宪

马锐和张静初

马锐和张歆艺

马锐和赵露思

马锐和张晓龙

马锐和夏雨

马锐与黄圣依 & 钟丽缇

马锐和苑琼丹

马锐娄艺潇

马锐和吴俊余

马锐和杨洋

马锐和童瑶

马锐和袁姗姗

马锐和周洁琼

马锐和薛佳凝

马锐和闫妮

马锐和王思聪

马锐和王智

马锐和吴彦祖

马锐和 Angelababy

马锐和费启鸣

马锐和张嘉倪

马锐和伍嘉成

马锐和徐璐

马锐和王安宇

马锐和 SKY 天空少年

马锐和胡夏

马锐和余文乐

我是明星吗？如果明星是榜样，那我就是！榜样的力量就是能给予更多人正能量，让更多人可以像我一样，通过自己的努力，在机遇来临时牢牢抓住，就像灯塔一样引领方向。

我不是最优秀的，所以一定要做最努力的。我可以输，但绝不轻言放弃。我不羡慕别人的生活，因为我深知谁都不容易，任何拥有都必须有所代价，无论是财富、事业与自由。只要我们做好自己，不攀比、不抱怨、不计较，多包容、多理解、多付出，让拼搏取代遗憾，让未来给今天打分，我们就是明星！

我要打造马锐这个全能 IP，虽然在这个过程中，我可能也会犯错，也会走弯路，但是对我来说，只需让大众知道我在做马锐就够了。无论凭借什么身份，我都在用自己独特的方式传播美学，我的初心与目标从未改变，这就足以使我引以为荣。

## 坚持做自己，人生体验才是最重要的

在百度百科上，我有很多很多的身份，从最早的演员、到舞台剧化妆师、造型师，再到主持人和后来的品牌专家，抑或是别人嘴里的“马总”，一个一个的标签以各种形式贴在我身上，其实也是我人生道路中一个一个的转折点出现的时候。

很多人以为马锐想出名想疯了，可他们不知道，我真正想要的是不同的人生体验，在我还年轻，有试错条件和资本的时候，我就应该毫不犹豫地投身自己想要做的事业中，哪怕遭遇各种猜疑、讽刺、甚至诽谤、我也毫不在意。

我在娱乐圈这么久，从来没有对不起任何一个人，更不会通过做那些伤害别人的事情去让自己变好，这就是一个人的选择，不被环境

所左右。尽管在这个过程中，我也会遭遇各种欺骗和挫折，但我从不会想以同样的手段报复别人。

2021 年从北京到了广州，当时我遭遇了一件对我打击十分大的事。当时我们计划在 12 月份的时候，很多产品都要上线，可是帮我负责跟品牌对接的负责人盗用我的创意，用同样的工厂做了同样的产品，赶在我前面上市了。这件事情让我面前 5 个月的所有投入全部浪费掉，当时我非常生气和难以理解，而欺骗我的人却理直气壮。这让我看到了人性的复杂跟差异性，尽管它对我的打击非常大，可我生气之后，依旧会重拾力量和自信想着，如何改变跟解决这些问题。

我特别喜欢一句话，叫作允许一切的发生，只有接受和允许一切的发生，我觉得才能够应对更多的变化。它们都是我人生体验的一部分。

## 18 年美妆经验和心得成就这本书

折腾了十多年，我也会问自己，马锐你到底在追求什么？

从造型师到现在做自己的产品。从服务明星到服务于普通女生，我到底在执着什么？

而今，我有了很肯定的回答，我就想能做大家真正受益的产品，那些信赖我的粉丝经常会问我，马老师，我适合什么样的风格？我适合什么化妆品？适合什么服装？我适合什么头发？他们是发自内心的选择信任我。而我必须对得起这一份信任。

MARY KAY
美力 势不可挡

CHAREAN
佳澜面膜

CHAREAN
佳澜面膜
我是演说家
I am a Speaker
第2季

CHAREAN
佳澜面膜
第2季

HERBALIFE 康宝莱
奔跑卡路里
RUNNING CALORIE
奔跑吧卡路里
你加得量就决定了

BTV 纪实

BTV 纪实
这个圈子里面
你所知道的所有的助理
我全都做过
并且每一个其实都是
做得非常好的
所以我才有了后面的工作机会

oppo
女神的新衣

根本停不下来
男神女神
今晚21:10分
东南卫视
美丽
新风尚

改造前
改造后
我要你最美
婷美小屋
Beauty
我要你最美

CHEUREUX
佳澜
马锐
带你妆
Ma Rui
weibo.com/ruigu

马锐
带你妆
Ma Rui

高清
仔细 认真地看照片
把我经济直接打压
iQIYI 爱奇艺
还算是长点心
这两个字就是让我稍微舒了一口气
变美求助热线：010-59419985
腾讯视频
马锐也健身？
一起变美吧
周日晚/9:20
高清
每天都
不得不"妆"
第一次和他合作
上海女人

优酷号·独播
9月16日起
每周五
优酷独家播出
职场观察员
马锐
翻篇吧
职场人
YOUKU

江苏卫视
天猫出品
橱神盛会
珀莱雅
疯狂衣橱
DRESS UP!
江南
水晶
马锐
最终回
YOUKU优酷

马 锐
伍洲彤
第1美差
NO.1 SUPERMISSION

翻篇吧
职场人

中国
时尚极限
挑战赛
2017中国时尚极限挑战赛

时尚

信任这件事情让我变得特别有能量，这份能量也反哺到了我的工作上。因为很多人需要我，这是一件多么美好的事情呀，而我愿意把这份美好分享给到更多的人。

众所周知，我的工作主要面向女性，很多人也叫我女性之友、最佳男闺蜜。我愿意把美丽的秘诀带给更多女性，让她们学会用美妆来武装自己，学会用更多的方式来表达自己的美丽。我也希望中国的女性能够真正接受一种精致的生活方式，全方位地呵护自己的美丽，活出自己的精彩。

书是传播美学的最好渠道，所以我选择将我 18 年的美妆经验和心得结集成书。我用一年半的时间写成这本书，想要把它献给更多想要变美的普通人。在这本书中，我综合多年从事造型和时尚工作的经验，将更多的实用知识和妆容技巧通过图片和文字的形式呈现出来，非常落地，简单易学。哪怕你是一枚化妆小白，在看了这本书以后，也会对变美这件事手到擒来。

让我们共同期待，爱学习的你，被自己照亮，在升级打怪的人生路上，迎来蜕变逆袭！

2023 年 6 月 26 日

# Part 1 没有好皮肤，一切都是假动作

# Part 2 全球美妆之旅，告诉你什么叫美妆

# 没有好皮肤，一切都是假动作

我们每天戴着面具生活、工作，
只有自己知道面具背后自己的真实面孔。
它或许面色红润，或许惨白无色，又或许肤质不堪入目。
养好皮肤，才是没得开始

*BianMei*
*Hen JianDan*

# 和皮肤对话一对一

## 对于皮肤 爱它，就请给它需要的

护肤，越来越受人们重视，然而网络上、电视上、市场上的各种护肤攻略让人应接不暇，无从选择。

爱它，就请给它需要的！与皮肤来一场一对一的对话吧，了解它，给予它最合适、最优质的护理！

## 美丽·从了解自己的肤质开始·

不同肤质有不同的护理方法，适合的护理产品自然也不同，如今几乎所有的品牌都有针对不同肤质的护肤产品，在购买护肤产品时，除了关注产品本身的功能，还要了解自己的肤质与特点。结合皮肤特点和容易产生的皮肤问题，进行有针对性的护理，才能让护肤品发挥其应有的效果，减少岁月作用于皮肤的痕迹。那就赶快看看自己属于哪种肤质吧。

### 中性皮肤

表现特征—水—亮—弹—白—润

水分、油分适中，皮肤光滑细嫩柔软，富于弹性，红润而有光泽，毛孔细小，无任何瑕疵，纹路排列整齐，是最理想的肤质。这种皮肤多见于青春发育期前的少女，一般炎夏易偏油，冬季易偏干。

#### 适度清洁

中性皮肤选择洁面产品的范围比较大，水凝胶、固态或者液态的洁面乳都可以。不过，以亲水性的洁面乳洁面为最好，每天洁面两次左右。清洁时的水温可根据季节的不同来选择，为了使毛孔处于自然舒张状态且便于洗净，一般以30～33℃为宜。切记不可长期用过热的水进行洁肤，否则容易导致毛孔变大，皮肤粗糙、老化。

#### 选择正确的保养品

中性皮肤的护养要注意的是随着气候、环境的变化来适当选择护肤品。通常，在夏季应选择乳液型润肤乳以保证皮肤的清爽光洁，秋冬季节可选用油性稍大的霜剂，来防止皮肤的干燥粗糙。

#### 合理饮食、适当运动

中性皮肤在饮食上要注意补充必需的维生素和蛋白质，多食用水果、蔬菜、豆制品和奶制品，并注意保持心情舒畅、精神愉快，避免过多地使用化妆品。适量地做一些户外运动，可以使得皮肤更加健康、自然，充满青春活力。

## 干性皮肤

表现特征 — 纹 — 干 — 糙 — 敏 — 痘

皮肤油脂分泌少，皮肤干燥、暗沉、没有光泽，粗糙并且缺乏弹性，皮肤易生红斑，毛孔细小，面部皮肤较薄，易敏感、破裂、起皮屑、长斑，不易上妆。但外观比较干净，皮丘平坦，皮沟呈直线走向。皮肤 pH 值为 5.5 ~ 6.0 之间，皮肤水分、油脂均不正常，可分为干性缺水和干性缺油两种。

先确定是要补水还是要补油，或者还是两者都需要。根据自己是哪一种干性皮肤来确定，缺水性干性皮肤则需要补水，而缺油性干性皮肤需要同时补水和补油。

### **缺水性**干性皮肤

皮脂腺没有问题，但由于护理不当或其他原因造成皮肤极度缺水，皮肤内部水分与皮脂失去平衡，导致皮肤反馈性地刺激皮脂腺分泌增加，从而形成一种“外油内干”的皮肤类型。

#### 补水是王道

很多人看到自己满脸油光就盲目控油，其实，缺水性干性皮肤最忌讳用强性控油产品和吸油纸。因为这两样东西只能暂时去油，脸上没有了油脂的保护，皮脂腺又开始疯狂工作，不一会儿，油光重现。补水补水再补水，才是缺水性干性皮肤护肤的王道。

只要皮肤不缺水，油光也就自然而然地消失了。

### **缺油性**干性皮肤

皮脂腺分泌皮质较少，皮肤因为不能及时且充分地锁住水分而显得干燥，皮肤缺乏光泽，对外界刺激比较敏感。

#### 补油还要补水

保养重点

缺油性干性皮肤选择护肤品时不能单纯考虑补水，还要考虑补充油脂。因为这类皮肤的皮脂腺先天不足，不能分泌皮肤所需的足够油脂，只单纯补水，皮肤没有锁水能力，补得快，蒸发得也快，只能造成越补越干的恶性循环。

## 温和清洁

一定要选用含有温和表面活性剂（浓缩蛋白质脂肪酸、胡藻碱、植物精油）成分的柔和、抗敏感洁面产品洗脸，因其脂质和保湿因子的含量较高，而一般的肥皂或洁面产品会使皮肤干燥，过早出现皱纹。如果皮肤特别干燥，可以只在晚上使用温水配合卸妆乳液和柔、抗敏感洁面产品洁面，早上不用任何洁面产品而只用温水清洁。

洁面后，用毛巾按压吸收皮肤上的水分即可，当面部还微微有点湿润时马上涂抹滋养成分高的温和抗敏感润肤水，以迅速补充脂质并平衡酸碱性。

## 补水保养

干性皮肤在白天的时候需要选择保湿成分多和防护性强的日霜，而在晚上则要尽量以滋润补水为主，使用含有滋润成分的晚霜。

## 特殊保养

在使用晚霜之前，先涂抹高滋养度的活细胞精华素、玫瑰精油或滋润温和含有天然植物精华的滋养面膜等。多做皮肤按摩护理，促进血液循环。

## 合理饮食

干性皮肤的人应多食用富含维生素 A 的食物，这是因为维生素 A 可促进皮脂的分泌，使皮肤保持滋润。此外，还可多吃豆类、蔬菜、水果、海藻等碱性食品。具有活血化瘀及补阴作用的食物也能让干性皮肤更加滋润，如桃花、当归、玫瑰花、枸杞、百合、桑葚等。

## 油性皮肤

油脂分泌旺盛、角质层厚，T 区（指鼻部与额头区域）油光明显、毛孔粗大、有黑头、皮质厚硬不光滑，皮纹较深、外观暗黄，肤色较深、皮肤偏碱性，弹性较佳，不容易起皱纹、衰老，对外界刺激不敏感。皮肤易吸收紫外线容易变黑，易脱妆，易产生粉刺、暗疮。产生此种情况的以男性居多，尤其是经常面对电脑的男性，也有每天面对电脑超过 8 个小时的女性。

| 油性皮肤呈现的状况并不是都一样的，大致分为四种 | |
|---|---|
| type 1 | 单纯的油性皮肤：油光满面，毛孔粗大，但无其他症状 |
| type 2 | 油性缺水性皮肤：水、油不平衡，水分保不住，常有外油内干的感觉，严重时还有脱皮现象 |
| type 3 | 油性青春痘皮肤：油光和毛孔都不太明显，只是有少量青春痘 |
| type 4 | 油性痤疮皮肤：油光满面，毛孔粗大，并长有大量的痤疮 |

### 亲肤卸妆

卸妆时要注意敏感的部位，分开卸妆，最好使用亲肤的卸妆产品。

### 彻底清洁

每天早晚对皮肤的彻底清洁是油性皮肤护理的重点。虽然化妆品无法改变雄性激素过多导致的油脂分泌，但是选用正确的化妆品能够减少油脂分泌，缩小毛孔，从而减少痤疮的产生。每天早上先用 40℃左右的温水湿润面部，为了对付油脂，油性皮肤者往往爱用洁力强的碱性洁面皂或洁面膏去污，但其实，过强的碱性洁面产品会带走面部的水分及油脂，所以最好选用质地较温和的中性洁面乳，必要的时候可以使用洁面刷，最后用冷水再洗一遍使面部毛孔收缩，减少油脂的分泌。

## 补水保湿

80% 的油性皮肤都有缺水现象，这种旺盛的油脂量会掩盖皮肤缺水的事实。如果只是单一的控油、吸油而不补充水分，身体内的平衡系统就会自然启动，不断分泌更多的油脂以补充流失的油脂，形成越控越油的恶性循环。并且，油脂分泌过程中还要消耗皮肤内的大量水分。

洗完脸后，适当用一些舒缓的补水保湿爽肤水，可使毛孔收缩，减少皮肤出油量。若有温泉水或矿泉水则更好，其所含的矿物质和微量元素可镇静舒缓并有收敛皮肤的功效。

选择水乳状喱状的润肤露，只补充水分便已足够，霜状的护肤品多含有油脂，油性皮肤一般不能使用。油性皮肤的护理中，补水是重点，所以少不了做补水保湿面膜，每星期敷 1 ~ 2 次补水面膜，让保湿因子渗入皮肤底层，并迅速扩散开，滋润那些“等待喝水”的细胞组织。

## 合理饮食

饮食上要注意少食用脂肪、糖类含量高的食物，忌食辛辣，不喝浓咖啡或过量的酒，以此减少皮肤油脂的分泌。饮食应以清淡为宜，多食用水果和蔬菜，保持大便通畅，以改善皮肤的油腻粗糙。

## 混合性皮肤

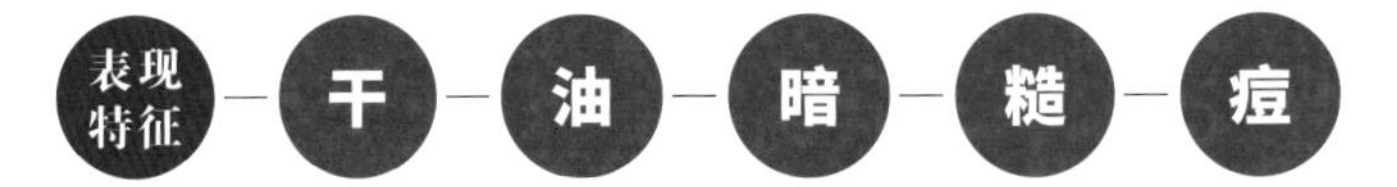


在一张脸上同时存在不同的肤质，一个很明显的特点就是面部中间区域尤其是额头，鼻部与额头这个区域（T 区）的皮肤偏油性，而面颊部皮肤偏干。混合性偏干的肤质毛细孔较小，有一些细纹，面部没有光泽。混合性偏油的肤质毛细孔较明显，T 区易出油，毛孔粗大，面颊则干燥，很少有面部细纹。

1. **简单的混合性皮肤：T 区微油，两颊部位微干。**
2. **复杂的混合性皮肤：T 区非常油或经常长有青春痘。**

### 交替清洁

建议混合性皮肤的人早晚用不同的洁面乳清洁。早上使用温和的洁面乳，简单地清洁皮肤，缓解面颊两边的负担。晚上用清洁度较强的洁面乳，彻底清洁经过一天污染的皮肤。洁面时，还可采用冷热水交替的洗脸方式，先用温水将 T 区清洗干净，再用冷水清洗整个面部。

### 补水保湿

混合性皮肤 T 区易出油，两颊较干燥，要让混合性皮肤恢复水油平衡的状态，除了要给皮肤补充充足的水分和营养，还要让皮肤保住水分不流失。在选择护肤品方面，要选择清爽控油系列的护肤品，由于皮肤的独特性，所以在护理方面要特别的用心，最好选择两款补水系列的护肤品，一方面针对 T 区，一方面针对面颊的皮肤。

### 深层滋养

最好每周进行 1 ~ 2 次的深层补水护理，可以让水分从角质层一直渗透到皮肤内层，可使用一些保湿面膜，让后续保养更有效。

### 合理饮食

在日常生活中，要多注意饮食平衡，可大量食用富含维生素 A、B 族维生素、维生素 C 等的水果蔬菜，少食用高脂肪类和辛辣类等刺激性食物，多喝白开水，对皮肤的调理有着良好的辅助作用。

## 敏感性皮肤

**表现特征**——薄——敏——红——痒——痘

遇外界各种刺激，如日光、冷、热及使用各种化妆品后局部皮肤出现瘙痒、刺痛或出现红斑、丘疹、风团等过敏性症状。敏感性皮肤多见于有过敏性症状的人，外用化妆品做斑贴试验反应呈阳性。

### **干燥性**敏感皮肤

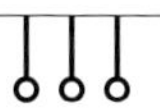

无论什么季节，皮肤总是干巴巴且粗糙不平，涂抹化妆水时就会感到些微刺痛、发痒，有时会红肿，有这几种症状的人属于干燥性敏感皮肤。皮肤过敏的原因是因为干燥，干燥敏感皮肤角质层薄，角蛋白流失较多，不能留住皮肤水分和养分，需要高强度补水的同时及时保湿锁水，修复角质层，提升皮肤抵抗力，解决干燥根源，抗击敏感。

### **压力性**敏感皮肤

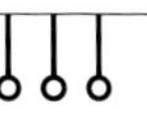

季节交替及生理期前，化妆保养品就会变得不适用，只要睡眠不足或压力大，肌肤就会变得干巴巴，有这几种症状的人应属于压力性敏感皮肤。原因在于各种外来刺激或荷尔蒙失调所引起的内分泌紊乱。这个时候用化妆品是无法解决皮肤敏感的，需要的是内调。

### **油性**敏感皮肤

脸上易冒出痘痘和脂肪粒，会红肿、发炎，就连面颊等易干燥部位也会长痘痘，有这些症状的人属于油性敏感皮肤。敏感原因为过剩附着的皮脂及水分不足引起皮肤防护机能降低，只要去除多余的油脂和充分补水保湿即可。

### **永久性**敏感皮肤

阳光、香料、色素会和特定的刺激物（过敏原）引起过敏反应，如果依然按照自己日常的保养方式会很危险，最好是马上到皮肤科求诊，并用医生建议的保养产品。

## 适度清洁

避免使用含有碱性成分及清洁力较强的洁面产品，碱性太强，容易伤害皮肤，因此应以温和而偏微酸性，尤其是以低泡的洁面产品为佳。敏感性皮肤在清洁上以不过度清洁为主，减少每日清洁的次数，早晚共 2 次，每次不超过 1 分钟已足够。过度清洁会令敏感皮肤本来就很脆弱的皮质膜更加脆弱。如果长期为皮肤问题困扰，甚至可不用洁面产品，直接以清水洗脸。此外，洁面时亦不应使用洁面刷、海绵等工具，以免因摩擦而造成敏感。

## 充分保湿

敏感性皮肤脆弱的角质层常常不能锁住足够的水分，无论是在夏天的冷气房中，还是在冬天干燥的室外空气中，这种肤质类型的人，会比一般人更敏锐地感觉到皮肤缺水、干燥，因而日常保养中加强保湿则非常重要。除了使用含保湿成分的护肤品外，还应定期做保湿面膜。季节更替时，也需要留心更换适用的护肤品。

## 滋养减半

现代的护肤品强调的是高效性，要求其活性成分必须能够透过表层皮肤并作用到皮肤深层。对于敏感性皮肤而言，高浓度、高效果就是高风险、高敏感。因此这类皮肤的人在使用护肤品（尤其是精华液之类高浓度的活化品）时，应先将其稀释一半后再使用才较为妥当。另外，敏感性皮肤不适合疗效性太强的产品，使用不给皮肤增加负担的非疗效型产品，才是使皮肤恢复健康的良方。

## 减少刺激

皮肤一旦出现干燥、脱屑或发红的现象，说明皮肤健康状况已亮起红灯。要让皮肤尽快复原，最好的方法就是减少刺激，不过度受风吹、日晒，不吃刺激性食物，停止一切保养品、清洁品的使用，每天只用温水清洁皮肤，持续一周，再使用低敏系列的产品。

## 正统卸妆法 ·还原皮肤净透本色·

在经受了一整天的粉尘、汗水、各种化妆品污垢和电子设备辐射、雾霾、紫外线照射等污染之后，如果不及时清洁干净，会导致毛孔堵塞，皮肤表皮生理失衡，从而阻碍皮肤的新陈代谢，变成脆弱的问题皮肤，既而导致毛孔粗大、皮肤粗糙暗黄、彩妆色素沉淀、皮肤过早松弛，形成痘痘肌、出现闭合性粉刺等问题，还会使皮肤对护肤品的吸收力下降。因此，卸妆就成了皮肤护理的首个重要环节！

### 清洁双手

在卸面部妆容之前，先将手部清洗干净，因为一天之中接触细菌最多的部位就是手部，为了避免手部的细菌蹭到脸上出现长痘的情况，所以必须先清洁手部。清洗手部之后，需要擦干双手，避免卸妆产品与手上的水融合，导致卸妆的效果不佳。

### 各部位分开卸妆

#### 眼部卸妆

眼部卸妆是重点，眼部化妆品很多具有防水功能，需要彻底清洁，一旦残留在皮肤上就很容易引起色素沉淀，从而形成黑眼圈。

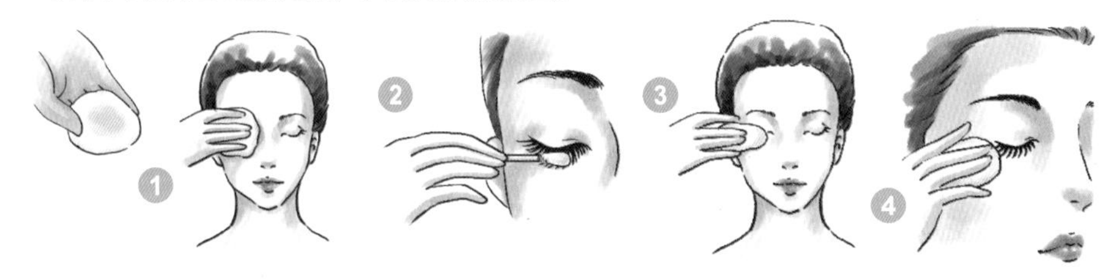


01 闭上眼睛，将浸透眼唇卸妆液的化妆棉敷在眼睛上，轻轻进行按压。这样做可以让卸妆水把睫毛膏、眼影、眼线等彩妆完全溶解。

02 闭上眼睛，用沾了卸妆液的棉棒，从睫毛根部开始向着睫毛末端方向移动，以卸掉睫毛膏。

03 将化妆棉沿着下眼睑贴合住眼部，按住化妆棉由上到下轻轻擦拭眼部，可以清洁眼影以及基础的眼线部分。

04 用浸透卸妆液的化妆棉卸掉下眼睑化妆品的残留部分。

### 唇部卸妆

唇部卸妆是不可忽略的部分，唇部皮肤薄而脆弱，残留的彩妆产品容易导致唇色加深、唇纹明显等问题。

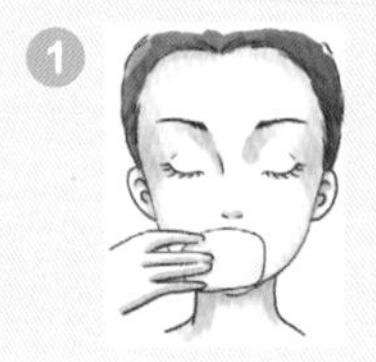

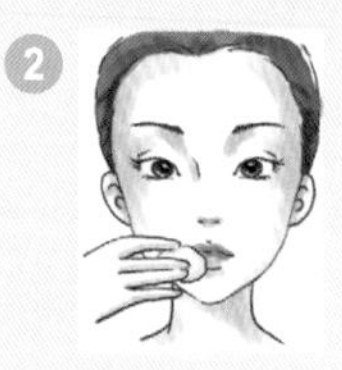

01 将浸透卸妆液的化妆棉敷在唇上停留数秒。

02 唇部放松，沿着唇的轮廓，从唇角向唇中心轻轻擦拭上唇，再由唇角向唇中心轻轻擦拭下唇，即可清除渗入唇纹内的唇膏。

### 面部卸妆

面部卸妆是卸妆的主要工作，就算只涂了防晒霜、BB 霜也一样需要卸妆。

01 清洁并擦干双手后，取适量的卸妆产品在手心轻轻晕开，再均匀地涂抹在面部，面部轮廓和耳朵下边也不能遗忘。

02 以下巴为中心，用指腹以画圈的方式由内而外，由上而下轻轻按摩全脸，让手心的热度溶解彩妆。

03 用指腹蘸取温水混合卸妆产品后轻柔地在面部画圈按摩，将附着的油脂充分乳化。

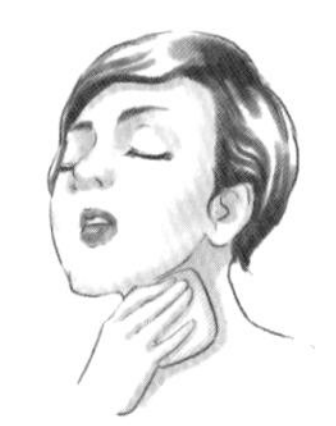

04 卸妆液和化妆品混合后，轻轻地在皮肤表面摩擦。化妆品等污物被卸妆液乳化后，很容易被洗掉。

05 颈部涂隔离霜、粉底后，卸妆也不能忽视，用浸透卸妆液的化妆棉轻轻擦拭即可。

### 第二次清洁

卸妆之后还需要使用洁面产品进行二次清洁。卸妆产品只是卸除了彩妆及皮肤表面的油脂，毛孔内的废弃物还需要靠洁面产品才能清洁干净。

## 卸妆油

### 卸妆原理

卸妆油是一种加了乳化剂的油脂，利用以油溶油的原理，可与脸上的彩妆融合，再通过乳化的方式，彻底溶解彩妆。

### 清洁特点

清洁力强，安全无刺激，对防水彩妆或油分较多的彩妆能最有效地清除。

### 适用人群

每天都有完整上妆习惯和经常化浓妆的人群。油性肤质少用。

### 选择提示

1. 卸妆油遇水乳化，使用卸妆油时需要“干手干脸”来进行，如果面部呈湿润状态时使用，卸妆油没接触面部彩妆便已先行乳化，无法发挥完美的卸妆效果，清洁力也将大大减弱。

2. 卸妆油所含有的油脂和乳化剂才是决定产品质量的要素，因此首先要慎选卸妆油中的主要成分。若注重安全性和温和度，建议选用植物油为主要成分的产品。若要清洁力更强，则可选择含有矿物油或含合成酯的产品。

3. 卸妆油亲肤性强，在使用卸妆油的时候，切记不要让卸妆油在脸上停留太久，时间最好控制在 1 分钟以内，然后使用洁面产品进行二次清洁，彻底冲洗以免残留阻塞毛孔。

4. 卸妆油清洁力强，会过度清除角质层，敏感皮肤者慎用。

## 卸妆水

### 卸妆原理

不含油分，通过产品中的非水溶性成分与皮肤上的污垢结合，达到快速卸妆的效果。

### 卸妆特点

含水量多，性质温和，适合娇弱的眼唇部位。尤其适合没有上彩妆，只用了隔离霜或防晒霜的妆容。

### 适用人群

敏感性皮肤、油性皮肤、混合性皮肤的人群，略施蜜粉的淡妆。

### 选择提示

1. 不少专业眼、唇卸妆产品都是卸妆水，其中，免洗卸妆水使用起来非常方便，非常适合“懒美人”。
2. 由于质地关系，卸妆水无法手动按摩，必须搭配化妆棉使用。
3. 卸妆水清洁力不强，很容易因为过多遍的擦拭对皮肤进行拉扯。使用时手法要轻柔，特别是眼、唇部位，太过用力的摩擦会造成色素沉淀。

## 卸妆啫喱

### 卸妆原理

在卸妆油的基础上，加入了少许表面活性剂，其质地比卸妆油要轻，感觉更清爽，对皮肤刺激小。

### 卸妆特点

含有保湿护肤成分，卸妆的同时维持皮肤的水油平衡，不会造成皮肤的水分流失，触感清爽。

### 适用人群

干性皮肤、混合性皮肤的人群。

### 选择提示

溶解彩妆所需的时间较长，还需要使用洁面产品进行二次清洁。

## 卸妆霜、膏

### 卸妆原理

以油脂来达到溶妆的原理，能充分与彩妆融合，利用表面活性剂来增强卸妆力。

### 卸妆特点

卸妆霜的质地相对较厚，油脂与乳化剂的配比让卸妆霜既能以油卸油，又没有黏腻感。

### 适用人群

干性皮肤、中性皮肤的人群，只用蜜粉、粉底液的妆容。

### 选择提示

1. 霜、膏质地的卸妆品在溶解彩妆时需要一定的时间，需要耐心操作。

2. 不要当成按摩霜使用，那样会把已经浮出来的彩妆污垢，又让皮肤“吃”了回去，产生反作用。

---

## 卸妆乳

### 卸妆原理

利用油脂或合成酯创造油性基质，达到去污润肤的效果。

### 卸妆特点

卸妆乳水油平衡适中，质地轻薄清爽，其油性成分可以除去污垢，而水性成分又可留住皮肤的滋润，有点润“妆”细无声的感觉，用来清除基础妆容，也适合缺水的皮肤。

### 适用人群

干性皮肤、中性皮肤，化淡妆和局部简单妆容的人群。

### 选择提示

1. 卸妆时一定要配合按摩手法，取适量产品从下到上，由内到外按摩，由下巴到面颊，鼻子到额头，额头到太阳穴。在油腻的 T 区按摩时间可以稍长些，在鼻翼较容易堆积油脂的地方按摩力度可以加强。

2. 用卸妆乳时按摩时间不应超过 2 分钟，按摩时间过长，会把已经浮出皮肤表面的污垢重新压回到皮肤中。

## 心机洗颜秘技 ·洗出年轻皮肤·

洁面也是我们每天必须要做的一项护肤工作，但你真的洗干净了吗？对大多数人来说，每天例行公事般匆匆地洗一把脸，就兴致勃勃地迎向后续的护肤大戏，却不曾想过自己的皮肤是否真的准备好了担当主演，操之过急反而导致皮肤遭遇问题。不要以为洁面是一件简单的事情，脸洗不对，可能会“毁容”的，这可不是危言耸听。洁面是最重要的清洁和护肤工作，该如何洁面才能洗出好皮肤呢？

### 看看正确的洁面步骤

**第一步：清洁双手是前提**

我们洁面前一定要确保手部的清洁干净，没有污染的洁净双手去洗脸才能把脸洗干净！所以，洁面的第一步是先清洁双手，使用中性或微碱性的洗手液清洁手心手背，保持手掌的柔软、湿润。

**第二步：热敷打开毛孔**

洁面前要打开毛孔。能用蒸汽美容仪是最好了，若条件不允许用热毛巾敷脸也是不错的办法。将热毛巾敷在脸上 1 ~ 2 分钟，使毛孔张开，便于清洁深处积存的污垢。然后用温水把面部污垢冲洗掉，这样洁面产品更容易在面部揉搓出丰富的泡沫，让清洁效果更加彻底。

**第三步：让洁面产品充分起沫**

无论用什么样的洁面产品，量都不宜过多，面积有硬币大小即可。将洁面乳放置于掌心，加入 2 ~ 3 滴清水，双手搓揉出丰富泡沫，注意要以同一方向揉搓，否则就会容易消沫。这一步需要一点耐心，洁面产品揉搓越到位，泡沫就会越细密，更容易充分接触和清洁毛孔与死角。揉搓到将手反转后泡沫不会掉下时为佳。

在向脸上涂抹之前，一定要先把洁面产品在手心充分打出泡沫，忘记这一步骤的人最多，而这一步也是最重要的一步。因为，如果洁面产品不充分起沫，不但达不到清洁效果，还会残留在毛孔内引发青春痘。泡沫当然是越多越好，还可以借助一些容易让洁面产品起沫的工具。

### 第四步：指腹按摩打圈清洁

洁面时先将泡沫放在最容易出油、角质较厚的 T 区，用指腹轻轻按摩使泡沫与皮肤充分接触，对于尘埃容易夹藏、毛孔容易堵塞的鼻翼两侧，可以多花一些时间不断用手指以打圈的方式清洁皮肤。再由面部中心向外顺着皮肤纹理匀速地用指腹画圈并轻轻按摩，让泡沫遍及整个面部。下颌、颈部以及耳后根也要进行清洁。

### 第五步：温水清洗泡沫

在清洗面部时需要先调节水温，最佳温度是 30 ~ 33℃的温水，冲掉洁面泡沫。洁面时水温的选择很重要：温度过热的水能彻底清除皮肤的保护膜，易使毛孔增大，导致皮肤粗糙，产生皱纹，另外，如果油分洗掉过多，也会加速皮肤的老化；而常用较低温的水洗脸，又会使皮肤毛孔紧闭，无法洗掉堆积于面部的皮脂、尘埃及残留物等污垢，不但不能达到洁面的效果，反而容易引起痤疮之类的皮肤病。

### 第六步：检查清洁发际

清洗完毕，你可能认为洗脸的步骤已经全部完成了，其实并非如此。还要照照镜子检查一下发际周围是否有残留的洁面乳，这个步骤也经常被忽略。有些女性发际周围经常容易长痘痘，其实就是因为忽略了这一步。

### 第七步：低温水醒肤

一般情况我们提倡用温水洗脸，但是在炎热的夏季，可以适当使用低温水洗脸。这样能有效刺激皮肤，促进面部的血液循环，达到收缩毛孔、紧致皮肤的效果。另外，低温水还能带来舒缓面部的效果，非常适合夏季早上洗脸。如果是在冬天，可以选择温度稍高一点的恒温水洗脸。

低温水醒肤效果好，但如果早上剧烈运动出汗后最好不要用冰水洗，因为冰水刺激会使表皮下的血管快速收缩，毛孔立即关闭，汗液停止分泌，热量无法排出，很容易引起发热、感冒等疾病。

### 第八步：拍打唤醒皮肤

晨起时皮肤会显倦态，为了彻底唤醒皮肤，可以在洁面后拍打面部。清洁后的皮肤表面会失去油脂保护，很容易变得干燥缺水，为了保持皮肤水润，将化妆水轻轻拍打于面部 1 分钟即可，干性或敏感性皮肤可以使用化妆棉蘸取化妆水或乳液来拍打。醒肤补水两不误，效果立竿见影。

## 不同类型皮肤的洁面方法

### **油性**皮肤

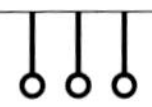

面部油脂分泌非常旺盛，极易出现青春痘、痤疮等皮肤问题，皮肤纹理粗糙，很容易隐藏污垢，这类皮肤一旦清洁不当就会出现难以预料的皮肤问题。

油性皮肤人群在洁面后，皮肤很快出油。建议每天最多清洁两次。夏季可以早中晚各一次。

1. 为了将分泌的油脂清洁干净，建议选择清洁力较强的洁面产品，一方面能清除油脂，另一方面又能调整皮肤酸碱值。
2. 面部长有痘痘时，应选用含有消炎成分的洁面产品，消除痘痘，避免细菌感染。
3. 要仔细清洁 T 区部位，尤其是鼻翼两侧等油脂分泌较旺盛的部位。用双手的中指和无名指沿下巴向上打圈，并伴随按摩动作。在 T 区容易出油的部位反复按摩数次，彻底清除油垢和污垢。
4. 长痘的地方则用泡沫轻轻地画圈。
5. 用清水反复冲洗，除控油以外，要立即充分补水。

### **混合性**皮肤

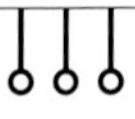

这种不平衡皮肤同时有出油与干燥的现象。一方面容易因为皮肤干燥使角质增厚，另一方面又会因为容易出油而长青春痘，眼睛周围也因为干燥缺水，小细纹更加明显。在温暖的季节，T 区的油脂分泌明显旺盛，皮肤虽少有敏感反应，但是 T 区的毛孔污垢和黑头粉刺也很严重。到了寒冷干燥的季节，眼部、唇部、两颊等部位又会弹性降低，严重缺水。油性皮肤人群在洁面后，皮肤很快出油。

每天早晚各一次

1. 要解决这种肤质的清洁问题应针对不同部位选用不同的洁面产品。可选择去污力强的洁面产品，重点清洁额部、鼻部、口周及下颌部位等油脂分泌旺盛的部位。
2. T 区着重清洁，特别是容易泛油的鼻翼部位，确保没有油脂残留。
3. 采用冷热水交替洗脸，可用温热水将 T 区清洗干净，再用冷水将整个面部清洗干净。
4. 在洗完脸之后，选择清润型的爽肤水轻轻拍打在皮肤上，充分为皮肤补水控油。

## **干性**皮肤

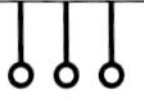

油脂分泌少而均匀，没有油腻感。皮肤缺乏水分，干燥易脱屑，季节变换时会因冷风或暖气等外在因素，导致面部水分流失，变得更加干燥。由于面部油脂分泌较少，在洁面后会有紧绷感，所以去污的同时又要保持皮肤的润泽。

每天早晚各一次

1. 洁面时，长期的水温过高是造成皮肤干燥的重要原因，洁面最适宜的水温是32℃。
2. 选择含有高效保湿成分的洗面产品，可温和并彻底地清洁皮肤，使皮肤清洁后水分不过多流失。
3. 由于皮肤缺水，很容易造成干燥、脱屑等现象，在洁面时一定要手法轻柔，使洁面产品中的补水因子均匀渗透到皮肤之中，起到洁面与补水的双重功效。
4. 如果皮肤特别干燥，可以只在晚上用温水配合卸妆乳液和柔和抗敏感的洁面产品，早上不使用任何洁面产品，只用温水即可。

## **敏感性**皮肤

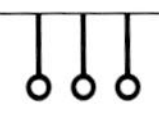

皮肤面部的角质较脆弱，对于化妆品、紫外线、灰尘或季节交替、环境变化等外在因素均缺乏抵抗力，会出现红肿、发痒，甚至出现疼痛、发炎等过敏现象。另外，对于香料、酒精等也会产生明显的过敏性反应。

每天早晚各一次

1. 选择不含酒精、香精的轻柔洁面产品，避免碱性成分和清洁力强的产品。一般建议使用低泡的洁面产品。
2. 洁面时水温以35℃以下为宜。当水温过热时会让脆弱的皮脂膜受到刺激，加重瘙痒和刺痛的症状。洁面时间不要过长，避免油脂流失过多。
3. 任何一个洁面动作都要十分轻柔，因为每一个动作对敏感的皮肤都会产生威胁。用量过多或起沫不完全都会给皮肤带来负担。
4. 如果过敏现象严重，建议用清水洁面，不应使用洁面刷、海绵、磨砂膏等摩擦皮肤，以免刺激皮肤。

# 洁面产品选择

## 洁面皂

洁面皂本身的制作方法很简单，早已摆脱以前的“碱性大”“伤皮肤”的帽子，现在洁面皂所含的成分基本都为纯天然材料，纯度较高，对皮肤刺激小，而且拥有绝佳的清洁力。

### √ 适用人群

油性皮肤和外油内干的混合性皮肤等人群。

### √ 优点

相对其他洁面产品而言，洁面皂很少含有合成表面活性剂成分，完全使用最自然的油脂和成分制成，可以安心使用。去油力强，并具有软化毛孔表面上的发硬角质和油脂块的能力，减少毛孔粗大、毛孔堵塞的现象出现。而且形状多样，颜色丰富，充满个性。

### √ 缺点

洁面皂品质良莠不齐，一旦接触到水或潮湿的环境，就容易软化，变得黏软，不易保存。

## 洁面乳

相比洁面皂而言，洁面乳减少了表面活性剂的成分，拥有细密的泡沫，质地非常温和，多为干性和敏感性皮肤所设计。洁面后在皮肤上的残留物较少，减少对皮肤的刺激，并保持皮肤湿润。

### √ 适用人群

适合混合性偏干、干性皮肤、敏感性皮肤以及痘痘皮肤等人群。

### √ 优点

乳液般的皮肤触感，配有保湿成分和护肤成分，避免皮肤干燥，可以在洁面时进行皮肤护理。适合敏感性皮肤使用。

### √ 缺点

由于洁面乳的低发泡性，长期使用会造成清洁力不足的问题。

## 洁面凝胶

洁面凝胶又称洁面啫喱，泡沫较少，胶体晶莹剔透，质地温和醇厚。有些含有特殊成分的啫喱，更能有效去除表皮老化角质，平衡皮肤的 pH 值，并可收敛毛孔。再加上质感水嫩冰凉，更可缓解晒后皮肤的不适，是夏天最适合的选择。

√ 适用人群

适合外油内干皮肤和中干性皮肤人群。

√ 优点

洁面凝胶最大的特性是它的超强渗透性，可以直达皮肤的深层，锁住水分，而且质感水嫩冰凉，轻盈舒爽。

√ 缺点

保质期通常较短，用水冲洗后皮肤有滑腻感。

## 洁面慕斯

洁面慕斯，又称洁面摩丝、洁面泡沫，是使用起来最方便的洁面品，省去了打泡沫的麻烦。丰盈细腻，清洁力也比较适中。

√ 适用人群

适合不敏感的各种肤质使用。

√ 优点

使用方便，不需要用水调和，并且易于掌控每次的使用量。质感细腻而柔软，在脸上的摩擦力小，对皮肤的伤害非常小。

√ 缺点

不耐用，含有较多表面活性剂。

## 洁面膏

洁面膏是最常见的洁面产品，又称洁面霜，它在一般的洁面配方上加了增稠剂，以提升产品的稳定性，质地细腻，霜状或膏状，易于均匀起沫。

√ 适用人群

适合所有肤质，尤其是油性皮肤、混合性皮肤的人群。

√ 优点

泡沫丰富，导致冲水时间过长。

√ 缺点

膏状的质地，用温水即可打出丰富的泡沫，具有良好的清洁力和保湿力。可以调节皮肤水油平衡，并且使用方便。

## 清透美肌 ·洗角质保养是关键·

很多爱美的女性花很大力气来做保养，皮肤却越来越粗糙暗沉，这是为什么呢？是因为大家忽略了一个关键皮层的保养——角质层，所有保养品的活性成分都要通过角质层，才能被传导到表皮层的深处最后到达真皮层，因此保养一定要从角质层开始，只有健康良好的角质层，才能让其他一切保养事半功倍。

### 角质层到底是什么

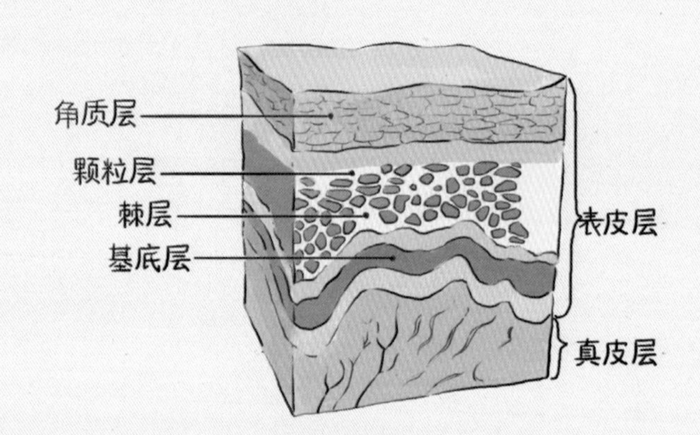


角质层位于皮肤的最外层，由扁平、没有细胞核的死亡细胞组成，呈透明状。也是我们人体的第一道天然屏障，有 10 ~ 15 层，可以防止外来细菌直接侵袭，具有保护皮肤、锁住水分的功能。

皮肤有将老废角质剔除的能力，随着皮肤的新陈代谢，旧的角质细胞会浮上来，并且自动脱落掉，让出空间给下面新生向上推进的细胞。新陈代谢正常的皮肤，细胞的代谢周期为 14 ~ 28 天，一个周期后，最外层的细胞就会自动脱落。

## 皮肤保养为什么要去角质

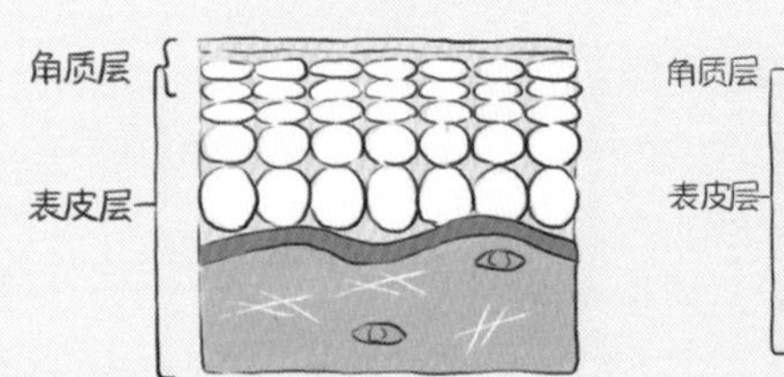


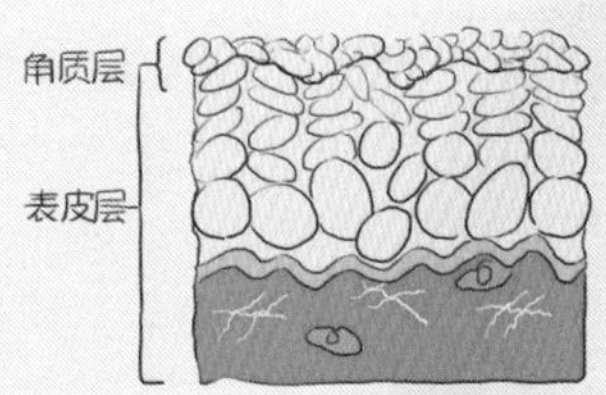


健康的角质细胞应该是排列整齐的，14 ~ 28 天左右会自然代谢脱落。当角质细胞受到环境改变、年龄增长、压力增加、饮食不均衡、生活作息不正常、清洁不当等因素影响时，会导致排列变得不规则、代谢速度延缓，影响老废角质的自行代谢。原本该自然代谢的角质无法自然脱落，过多的老废角质堆积于皮肤上会造成皮肤负担，导致皮肤粗糙、肤色不均、暗沉、锁水度不佳，护肤品成分不易被吸收等问题。所以，要定期地给皮肤做深层清洁，去除多余角质，让新的细胞重新生长起来，这是基础皮肤护理中很重要的步骤。想要保持皮肤水嫩，养成定期去角质的好习惯才是关键。

## 如何安全温和地去角质

### 面部去角质

01 面部去角质前，最好了解自己的肤质。在按摩及洁面后进行。

02 鼻子、额头、下巴、颈部等部位的油垢角质最多，可以使用去角质磨砂膏轻轻地揉擦这些部位的粗糙角质。

03 去角质的手法同一般的按摩动作基本相同，要顺着皮肤纹路，在额头处往上轻打螺旋，或直接横向搓揉，面颊部分则是由下往上轻搓，在鼻头的地方往前或直线上下搓揉。整套动作的力度一定要轻，手部动作过重会对皮肤造成无谓的伤害。

04 脱角质后，面部表皮的老化粗糙角质及粉刺、黑色素等会清除得较干净，此时要加强滋润，才不容易干燥、敏感。

## 唇部去角质

我们涂上唇蜜时，会发现嘴唇本身的颜色并不好看，和唇蜜的颜色相差很大，甚至会出现裂口和脱皮现象。这时就是我们的角质在作怪了，它们让我们的唇色变深，嘴上出现许多小细纹，甚至还会出现脱皮的现象。

01 用稍微热一点的水浸泡毛巾，靠近唇部，但是不要贴着唇部哦，稍微有一点距离。

02 棉棒蘸好唇部去角质产品，在唇上由左到右轻轻擦拭 1 ~ 2 次。

03 用温水将死皮擦拭，用护唇产品涂抹上就可以了。

04 如果你想更加滋润，可以用蜂蜜涂在唇上，再盖上一层保鲜膜，或用温热的毛巾敷 10 分钟，可有效滋润唇部。

## 身体去角质

01 在沐浴前先把手肘、膝盖、脚底这些较为粗厚的部位进行干敷，也就在是身体还没碰到水的时候轻柔地去角质。

02 在沐浴的时候充分冲洗，加速身体的血液循环，软化皮肤的角质层。

03 采取由下往上的原则，从脚底、脚跟、脚踝一路往上至躯干涂抹身体磨砂膏进行按摩，力道要非常轻柔。再用沐浴露进行二次清洁。

04 沐浴完毕后，在皮肤上的水没有完全干的时候，使用身体乳来滋润身体的皮肤。

## 不同年龄段的角质护理

### 代谢正常的 20+

√ 皮肤状态

油光、粉刺、痘痘

这段时期虽然新陈代谢正常，但因学业或就业压力，加上空气污染或换季等外在因素影响荷尔蒙变化，进而延缓代谢速度，加上长时间上妆以及清洁不够彻底，会造成皮肤毛孔堵塞等困扰，皮肤问题也渐渐显现：皮脂腺分泌较旺盛，油光满面，油脂混合老废角质，产生粉刺、痘痘和毛孔粗大等问题。

√ 去角质建议

1. 做好每日清洁，避免造成皮肤负担。
2. 生活规律的人和中干性皮肤可每两周进行一次角质清理，若是生活不规律或是油性和混合性皮肤的人，则要增加到每周一次。
3. 如果皮肤非常油，建议一周敷一次泥状深层清洁面膜。混合性皮肤的人群建议 T 区局部使用。

### 代谢趋缓的 30+

√ 皮肤状态

粉刺、干燥、毛孔粗大、黑眼圈

30+ 的阶段，皮肤处于相对稳定的状态，干燥和细纹开始出现，自我修复能力下降，因工作和生活形态发生改变等压力，让皮肤紧张影响荷尔蒙变化，进而延缓新陈代谢，让皮肤油水分泌不平衡，角质含水量减少，皮肤保水力下降，容易出现粉刺、毛孔粗大、细纹、斑点、暗沉和黑眼圈等问题。

√ 去角质建议

1. 选择弱酸性、温和且去脂力不要太高的洗面乳，让清洁后的皮肤仍有一定的湿度。
2. 每周至少进行一次角质清理，清除皮肤表层老废角质的同时，也帮助深层的老废角质松动，使其更容易被推至皮肤表层而被清理，让皮肤的代谢循环正常。

### 代谢缓慢的 40+

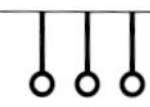

√ 皮肤状态

暗沉、粗糙、保养品吸收差

到了 40+ 的熟龄皮肤阶段，荷尔蒙分泌下降，角质新陈代谢周期延长至 50 天左右，角质细胞也变得不完整，让皮肤防御力降低、水分流失，同时油脂分泌减少，保养品吸收能力变弱，皮肤弹性和光泽变差，纹路和斑点严重，粗糙、暗沉，还会有发痒或泛红等敏感现象产生。

√ 去角质建议

需要清洁、滋润、按摩三管齐下才能彻底清除顽固角质，找回红润水灵的感觉。应使用有去角质和滋养、提亮肤色效果的多效产品。

## 不同肤质的角质保养

### 油性皮肤人群

去角质建议：油脂分泌多，容易堆积老废角质而不易清除，建议每周进行2～3次。

产品建议：建议选择化妆水型、磨砂型、乳液型、面膜型、酵素型等去角质产品。

### 干性皮肤人群

去角质建议：干性皮肤油脂分泌少，角质代谢也变得比其他皮肤慢，所以，去角质也不可过于频繁，当皮肤出现暗沉、暗黄、粗糙时才需要去角质，两周一次即可。

产品建议：化妆水型、磨砂型、乳液型、面膜型、酵素型、洗颜泥，不适合使用溶解角质太强的产品，容易导致皮肤干燥。建议使用酵素或是低浓度、大分子的果酸保养品，以溶解深层角质。

### 中性皮肤人群

去角质建议：冬季，约一个月使用一次；夏天经常出汗、出油，则可两周使用一次。

产品建议：化妆水型、磨砂型、乳液型、面膜型、酵素型都可以。

## 混合性皮肤人群

去角质建议：在油脂分泌较多的部位进行清洁就可以了，比如 T 区，一周进行 1 ~ 2 次即可。

产品建议：分区域来去角质，T 区容易出油的地方，使用磨砂型产品去角质，如同油性皮肤的处理方法；干燥的双颊，则必须像干性皮肤一样，使用含有酸性成分的去角质产品。选择磨砂型产品，建议使用不含有油脂成分的凝胶状的或含有去油成分的产品。

## 敏感性皮肤

去角质建议：对于皮肤酸性保护膜不够健康的敏感性皮肤来说，去角质可能会对皮肤造成刺激，容易出现过敏情况，所以在使用过程中一定要注意用量和去角质的频率，一次使用时间不要太长，并且动作要轻柔，建议一个月去一次角质即可。爱长痘痘的敏感性皮肤人群，可以选择具有清洁皮层功效的爽肤水，或是选择可以调节角质成分的美白精华。

产品建议：化妆水型、乳液型的去角质产品。

## 成熟老化皮肤

去角质建议：皮肤干燥容易长黑斑的人尽量不要去角质，因为容易导致皮肤更干燥，使得斑点越来越多。但可以针对局部粉刺、油脂分泌旺盛的部位进行清洁去角质，建议两周进行一次。

产品建议：化妆水型、乳液型、酵素型、凝胶型产品，最好选择滋润的去角质产品。

## 如何选择去角质产品

### 磨砂型

√ 质地

有霜状或凝胶状，其中含有小颗粒。霜状的磨砂膏适合干性皮肤人使用，凝胶状的磨砂膏则适合油性皮肤的人使用。

√ 去角质原理

其中含有的颗粒在按摩的时候可以清除角质。

√ 使用方法

洗脸后，在手心倒适量磨砂产品，在面部轻轻按摩，注意不要用力，两分钟后用水洗净即可。

### 面膜型

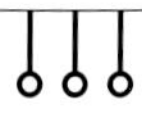

√ 质地

呈膏状。

√ 去角质原理

涂抹于面部，让皮肤温度升高后软化并黏附角质，再冲洗脱落粗厚的角质。

√ 使用方法

在清洁脸后，将适量的面膜涂在脸上，注意要避开眼睛四周的位置，10 ~ 15 分钟后再用清水洗掉即可。

### 酵素型

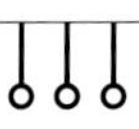

√ 质地

呈粉末状或膏状。

√ 去角质原理

利用蛋白质分解酵素去除由蛋白质制造出来的多余角质。

√ 使用方法

首先在手上倒适量酵素产品，然后加 2 ~ 3 滴清水，搓揉成泡沫状后用来洗脸，最后用清水洗净即可

## 乳液型

√ 质地

是乳液状。

√ 去角质原理

用含有丰富的维生素 C 或天然海藻成分的产品，溶解角质层老化细胞，并去除聚结的黑色素及粉刺，达到清除角质的效果。

√ 使用方法

首先，将产品涂在角质较粗硬的部位，等待一两分钟，然后用手指轻轻搓去粗糙角质即可。

## 化妆水 / 美容液型

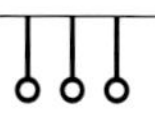

√ 质地

是水状液体。

√ 去角质原理

利用产品中的水杨酸和果酸成分，溶解角质层，并深入皮肤促进皮肤的新陈代谢，激活皮肤细胞。

√ 使用方法

直接用化妆棉蘸取产品，在脸上擦拭，待角质层溶解，即可用清水清洗干净。

## 补水保湿 ·只做水漾美人·

皮肤的水润光泽是美丽皮肤的关键，水分的不足会引发各种皮肤问题。随着年龄的增长，皮肤的保水能力逐渐下降，出现许多老化的征兆，如皱纹、皮肤松弛、斑点等问题，所以保证皮肤水分充足是健康美肌的首要保养工作。

想要拥有水亮弹白的皮肤，补水是第一步。补水是直接补给皮肤角质层细胞所需的水分，滋润皮肤。保湿则可以防止皮肤水分流失，滋润皮肤的同时，更可改善皮肤微循环，维系皮肤水分平衡。正确的护理方法是先补水再保湿。

### 根据皮肤状态选择补水保湿成分

皮肤的年龄和皮肤的含水量息息相关，成年女性的皮肤含水量只有 15% 或更低，远远低于婴儿时期的 25%。不同皮肤年龄所需的补水保湿成分也不相同。

皮肤的保湿锁水功能来源于我们皮肤自然分泌的油脂经过与汗水乳化形成的皮脂膜。没有油分的保护，皮肤的水分无法被锁住，还会出现干燥、缺水的状况。这就是为什么有时候我们给皮肤补了水，还是觉得干燥的原因。而皮肤一旦缺油严重，皮肤也会变得异常脆弱、敏感，引起各种皮肤问题。

水性保湿成分主要是增加皮肤的吸收能力，抓住水分子，油性保湿成分帮助皮肤锁住水分。

只有水油达到平衡的皮肤才能称为健康肌，所以，给皮肤补水的同时，也要适时地给皮肤补油。

#### 年轻皮肤

对于年轻的干性皮肤来说，补水比保湿更为重要。因为年轻皮肤的皮脂膜都是比较正常的。

水性成分选择：甘油、丙二醇、NMF（高保湿剂）、PCA-Na（天然保湿因子）、氨基酸。

油性成分选择：霍霍巴油、红花油、葵花子油、夏威夷核果油、小麦胚芽油、酪梨油。

### 熟龄皮肤

缺水是皮肤老化的前奏，皮肤不再水润，细纹、松弛、毛孔粗大等困扰就会随之而来。充足的水分可使进入成熟期、新陈代谢趋缓且开始老化的细胞润泽饱满，恢复紧密柔滑，延缓老化和皱纹产生。

水性成分选择：透明质酸、水解胶原蛋白、维生素 B5、氨基酸。

油性成分选择：月见草油、琉璃苣油、夏威夷核果油。

### 不同肤质的补水保湿秘技

我们的身体 70%的组成部分是水，最外层角质层的含水量通常只有 15%。每天会有 0.5 升的水分从皮肤表面流失，在秋冬季或干燥多风的环境里可能达到 0.8 ~ 1 升，所以任何类型的皮肤都需要补水保湿。

### 干性皮肤

干性皮肤者既缺水又缺油，皮肤容易干燥、脱皮、出现细皱纹，对于外界温度和湿度的反应较大，而季节交替时皮肤状态变化也较大，是需要补水保湿的重点人群。所以干性皮肤除了前期需要大量补水外，还要后续的强劲保湿，同时为皮肤补充适当的油脂。

| 保湿护理方法 | |
|---|---|
| 干性皮肤应选择补水保湿成分都较高的产品，营养充足的质地则更能为皮肤建造一层保护膜，有效锁住水分，并持续为皮肤提供滋润修护 | |
| step 1 | 早晚洗脸后，利用保湿型化妆水软化干燥角质层，使后续护肤产品更容易被吸收 |
| step 2 | 选择油脂含量稍高的保湿精华液，在脸上按摩至产品被皮肤吸收 |
| step 3 | 有脱皮现象时，可以在局部涂抹更多精华液，再湿敷化妆棉，变成局部急救面膜使用，湿敷 3 分钟后拿掉化妆棉，用指腹推开乳霜然后按压脱皮处 |
| step 4 | 每周做 1 ~ 2 次保湿面膜加强水润效果，秋冬季节可适当增加做面膜的次数 |

## 油性皮肤

很多油性皮肤者认为自己的皮肤已经很油了，不需要保湿，事实上，皮肤一旦缺水，油脂分泌会更加旺盛，出现外油内干的水油不平衡状态，大部分油性皮肤者都是脸上明明出油，实际上却处于缺水状态。

| 保湿护理方法 | |
|---|---|
| step 1 | 此类皮肤在洁面后，需要先用收敛水或爽肤水控油，尤其是 T 区部位，水油平衡调理好了，补水保湿才能见效 |
| step 2 | 皮肤很油的人，可以将保湿型化妆水换成美白化妆水，先用化妆棉轻轻擦拭整脸，再用手拍打至化妆水完全吸收。因为美白化妆水内除了保湿因子外，通常含有浓度较低的酸类成分，能轻微代谢老废角质。对于容易堆积角质的油性皮肤来说，这个动作能让皮肤表面看起来更明亮 |
| step 3 | 然后选择水乳状或乳状的护肤品保湿，要选择水多油少的产品 |

## 中性皮肤

中性皮肤的皮肤状况稳定，油分和水分比例均衡。日常护理应以保湿为主，季节变换时要注意更换护肤品。中性肤质很容易因缺水、缺氧分而转为干性肤质，所以应该使用锁水保湿效果较好的护肤品。

| 保湿护理方法 | |
|---|---|
| step 1 | 洁面后，使用保湿型化妆水直接用手轻拍皮肤表面，一定要拍打到化妆水完全被吸收为止，很多人只是将化妆水放在脸上任其蒸发，皮肤反而会变得干燥 |
| step 2 | 接着用一些含微量油脂的保湿精华液，从脸的中央由下往上按摩，按摩至产品完全被皮肤吸收为止 |

## 混合型皮肤

拥有混合型皮肤的基本是那些皮肤状态不稳定的年轻人，T 区部位呈油性，眼周和两颊呈干性。在护肤方面可以分区域给皮肤不同的着重保养，对于干燥的部位除了更多的补水保养外，可适当地选择些营养成分较丰富的护肤品，而偏油部分则可以继续使用清爽的护肤品。

| 保湿护理方法 | |
|---|---|
| step 1 | 洁面后，针对不同部位，使用两种不同的柔肤水，轻拍在 T 区附近，将保湿滋润的柔肤水用化妆棉抹在较为干燥的两颊 |
| step 2 | 在干燥的季节里，整个面部都要使用保湿乳液，尤其是两颊部位，可以着重涂抹。然后再用纸巾擦去油性部位多余的乳液 |
| step 3 | 晚上用洁面乳清洁皮肤，着重在 T 区部位轻轻按摩，然后用化妆棉擦净后再用水冲洗 |

## 敏感性皮肤

敏感肌最容易因干燥而让皮肤出现问题，造成缺水性的敏感，在这个时候就要加大补水和保湿工作了。护肤品的成分越简单越好，不要选择含酒精、A 酸、水杨酸等刺激性配方的产品。

| 保湿护理方法 | |
|---|---|
| step 1 | 一般的洁面产品容易带走水分和油分，最好选用轻柔、保湿的洁面液清洁面部。特别敏感的皮肤可能对硬水也会产生反应，不妨使用含有舒缓因子的矿泉水喷雾来清洁面部。洁面后立即用毛巾按干脸上的水分，防止蒸发 |
| step 2 | 日常护理选择低敏的保湿产品，还要使用喷雾等辅助补水，不仅能起到很好的补水作用，也可以让敏感皮肤得到舒缓和镇静 |
| step 3 | 选用专为敏感皮肤设计的精华素，以及抗敏感的保湿面膜 |

## 分时美颜保养术

**08：00-09：00**

经过一夜的睡眠时间，体内水量处于最低状态，皮肤没有水分可吸收，所以清晨喝一大杯清水是最简单有效的补水方法，而且还能让你的身体机能重新运作，促进新陈代谢。

成人还可以在水中加一点食盐，以微有咸味为度，可以健肾固齿、清亮眼目、增加胃肠的蠕动，但应注意的是盐量不宜过多，否则适得其反。

晨起喝的第一杯水量可多些，根据各人的体重不同，饮水量应在300 ~ 500毫升不等，才能满足肌体的需要，尤其是那些早上不吃早饭便上班的人，喝一杯水就显得尤为重要。

**10：30-11：00**

上班时，一直面对着空调和电脑，皮肤中的水分在一点点地流失。在这种情况下，一瓶小巧的保湿喷雾就可以解决给皮肤喝水的难题，只需要将它直接喷在皮肤上，轻轻按摩即可。

**12：00-13：00**

皮肤变得干燥与饮食习惯也有着十分密切的关系。为了保持皮肤的弹性和水分，应该多吃富含胶原蛋白的食物，胶原蛋白是皮肤中的主要成分，占皮肤细胞中蛋白质含量的71%以上，胶原蛋白使细胞变得丰满，从而使皮肤保持弹性与润泽。

含胶原蛋白的食物主要有肉皮、猪蹄、牛蹄筋、鲜鱼等。午餐的时候，多吃这些食物，既吃饱了肚子，也从食物中摄取保湿成分，一举两得，饭后再吃个橘子或其他富含维生素C的水果。

**14：00-15：00**

在空调房或是户外忙碌了几个小时，下午身体逐渐产生倦怠感，皮肤很容易显现小细纹。让保湿喷雾继续发挥功效，在高度干燥的嘴角、眉间、眼角等部位补充水分。

养成定时喝水的习惯，喝上一大杯白开水，除了及时补充流失的水分之外，还能帮助头脑清醒。

**21：00-22：00**

皮肤的护理最好在晚上22点以前进行，夜间23点到凌晨2点是皮肤的黄金修复时间，这时候细胞分裂的速度比平时快8倍左右，能加速排出老废物质，对护肤品的吸收率特别高。此时，应做好彻底清洁，让皮肤可以顺畅地呼吸，运用功效较高的保养品以达到深层滋养修护的目的。每周还可做1 ~ 2次深层保湿补水的面膜。

## “打黑扫黄” ·一白遮百丑·

白皙，向来是亚洲女性所追求的美肌目标，尤其在中国，自古以来以“白”为美，诗经中有云“肤如凝脂”，民间亦有“一白遮百丑”之说，时至今日，白仍然是衡量女性美的一个非常重要的标准。

在我眼里，美丽是由内而外的。真正的所谓的白，是健康、自然有光泽的透白，“内调外养”+“美白定制化战略”才可以让皮肤由内而外的透白！

### 皮肤变黑的原因

肤色不均、暗黄、色斑都会影响皮肤的美白度，而这些问题的根源就是黑色素。

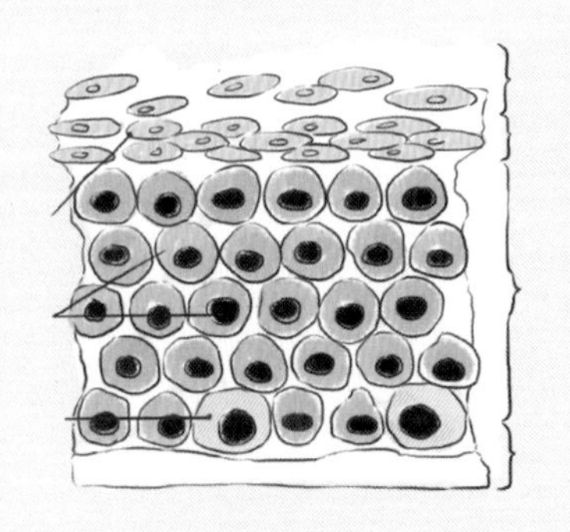

黑色素是存在于每个人皮肤基底层的一种蛋白质。紫外线的照射会令黑色素产生变化，生成一种保护皮肤的物质，然后黑色素又经由细胞代谢的层层移动，到了皮肤表皮层，形成了我们所看到的色斑和肤色不匀等皮肤问题。

其实，黑色素的形成涉及许多因素，是一个漫长而复杂的过程。人体皮肤表皮层共分为五层，最底层为基底层，含有大量的可产生黑色素的黑素细胞。

当皮肤受到外界刺激时，就会开启自我防护模式，黑素细胞会及时分泌出大量黑色素，去保护皮肤细胞，不停地由细胞底层逐渐向表层代谢，如果形成的黑色素过多或出现代谢障碍，就会导致黑色素在表皮分布不均而部分聚集，从而形成色斑，并引起肤色暗沉，出现雀斑、晒斑、黑斑等皮肤问题。美白要做的是打散代谢聚集在皮肤表层的黑色素，改善局部暗沉，使整体肤色透亮、均匀。

## 美白需要内调外养

美白是一场持久战，不要期望三天打鱼两天晒网的护理就能够获得多好的效果。

美白是要从内而外，让皮肤重新焕发光彩，同时也需要从外而内保护皮肤免受外界刺激伤害，健康美白，需要内调外养，扫清皮肤里面的黑色素，让皮肤从内而外焕发亮白光彩。

### 内调美白全攻略

食疗：饮食上要多吃一些富含维生素 C 的新鲜蔬菜水果，比如番茄、草莓、猕猴桃、山楂和新鲜绿叶蔬菜等。大量的维生素 C 能帮助黑色素还原，预防色斑产生，使皮肤更有光泽，焕发健康光彩。热是促进黑色素形成的最重要因素，所以感光能力强的食物尽量少吃，比如香菜、胡萝卜、芹菜等。

女性在 20 岁时胶原蛋白已经开始老化、流失，含量逐年下降，25 岁则进入流失的高峰期，40 岁时，含量不到 18 岁时的一半。多补充一些含有胶原蛋白的食物，如牛蹄筋、鸡翅、鱼类等，利于皮肤恢复弹性和光泽。

此外，还要记得多喝水，因为水是促进新陈代谢最好的物质。

情绪：情绪对美白有很大影响，当心情不好、忧愁、悲哀时身体免疫力降低，抵抗各种不利因素的能力就很差，皮肤新陈代谢、血液循环等各种功能都降低，皮肤变灰黑、干燥、产生皱纹、呈现衰老状态。保持心情愉快、乐观的情绪是极为重要的，有了健康的身体，才会有亮白的皮肤。

提高睡眠质量：美白保养 24 小时不能间断，但最佳修复时间还是晚上，尤其是晚间 22 点到凌晨 2 点，这时候皮肤恢复力最佳。保持充足的睡眠时间，提高睡眠质量！睡眠不好，会影响皮肤细胞的新陈代谢及细胞的修复，长此以往，皮肤表层的死亡细胞不能及时脱落，新的皮肤细胞不能及时上移，最终导致皮肤变黄、变暗。

改善不良的生活习惯：抽烟与喝酒对皮肤也会造成杀伤力，抽烟会导致色素沉着，经常喝酒，对肝脏会造成负担，也容易表现在皮肤上，除了皮肤较暗沉外，两颊还易出现斑点，而且还会随着年龄的增长而加深。

## 外养美白全攻略

美白要趁早：美白工作需要提早着手，不要等盛夏来临才采取措施。25 岁之前，皮肤具有可逆性，即使有黑色素沉着，也可以慢慢白回来；25 岁之后，皮肤只能借助美白产品的保养，令皮肤恢复原有的白皙。

清洁是美白的基础：忙碌一天，面部堆积的灰尘、残妆、变厚的角质层都会加快黑色素的沉积。每天认真卸妆洗脸，不仅能彻底清洁皮肤，还能对皮肤进行特别调理，让后续的美白产品成分更好地被吸收，进而达到事半功倍的效果。

亮肤去除角质：去角质是美白的一个必要环节，废旧角质会造成皮肤粗糙，还会让黑色素难以代谢，养分难以吸收，废旧角质不移除，美白营养就进不来！通过加速角质的更替周期来帮助皮肤代谢黑色素，让暗沉和斑点慢慢被代谢。

补水保湿让皮肤畅饮：保湿在美白步骤前，有助于美白产品更好地发挥功效。缺水的皮肤，细胞新陈代谢也会减慢，令黑色素无法从体内顺畅排出，长久累积沉淀，肤色也会越发暗沉。而饱满水嫩的细胞不仅能将黑色素通过新陈代谢顺利排出，还能帮助输送护肤品内的美白成分至肌底，赶走暗沉，凸显白皙感。

美白保养加强攻势：上面所说的步骤都是美白护理的准备工作，接下来美白精华素、美白面霜、美白晚霜等产品就该登场了。美白产品中的维 C、熊果苷、曲酸、鞣花酸、烟酰胺等成分可以淡化黑色素，抑制皮肤黑色素的生成，加强美白功效。

隔离防晒全年防护：皮肤美白的头号杀手就是紫外线。隔离防晒是皮肤美白中成败与否的重要步骤，紫外线不仅引起晒伤红肿、干燥脱皮、色斑形成，长期的影响更是增加了自由基，破坏 DNA 的修复力，直接导致了皮肤暗沉、老化。

选择一款兼具保湿和美白成分的隔离防晒产品，注意要选择防晒指数至少在 15 以上的产品。如果长时间在室外活动，建议除了防晒产品外，隔离和底妆产品也尽量选择有防晒指数的。

除了使用美白产品，爱美的女性要养成一个四季美白的好习惯，一年四季做好防晒护理，无论在室内外工作都要使用防晒霜，炎热的夏天在户外时，一定要随身携带遮阳伞和具有防紫外线功能的太阳镜，穿防晒衣。

# 不同皮肤的专属美白方法

## 油性皮肤

大多数油性皮肤都属于外油内干的类型，先要补充水分让皮肤升级到水油平衡的状态，油光更易吸收紫外线和脏空气，要注意控油和防晒保养。

### √ 美白方案

保湿化妆水 + 控油保湿面膜 + 清透防晒产品

坚持白天、晚上使用无油型的美白洗面奶、爽肤水和乳液。日间使用T 区专用控油产品和防晒产品，预防黑斑的生成，既为皮肤提供营养，又不用担心会加重皮肤负担，堵塞毛孔。夜晚可以添加美白精华液，为皮肤提供充足营养，修复皮肤日间损伤。

## 中性皮肤

相对于其他肤质而言，中性皮肤水油均衡，也是最健康的皮肤状态，需要注意白天的防晒和夜间的保湿。多喝水、多吃水果蔬菜，也可搭配美白饮品，肤色自然白皙、透明。

### √ 美白方案

美白防晒 + 美白面膜

每天要坚持清洁、爽肤、营养，晚上要使用美白晚霜滋养皮肤。一周可以使用一次美白面膜，肤质相同的人也会因年龄和环境的不同而各不同，可以根据自身情况选择使用美白产品的频率。

## 干性皮肤

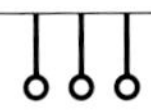

皮肤干燥缺水是形成色斑的根源，从补充皮肤水分入手，先做好保湿护理。以充足的水分营养滋润皮肤，维持皮肤正常代谢，抵抗干燥与色素的沉着。

### √ 美白方案

美白面霜 + 高效保湿面膜 + 夜间修复精华

对于干性皮肤，千万别觉得日常的保湿护理就够了，补水相比较美白抗老，属于见效快的一种。在美白产品使用前先涂抹保湿精华液，提高皮肤含水量。再选择具有美白保湿双重功效的美白产品，可给予皮肤充足营养，美白滋养两不误。如果是特别干燥的皮肤，可在晚间使用夜间修复精华，改善日间受损的皮肤组织，增加皮肤细胞活力。在去完角质后，要及时使用高效保湿面膜，一周至少要做两次保湿面膜。

## **混合性**皮肤

混合性皮肤容易肤色不均，美白也需要重点分区护理，T 区注重控油保湿，V 区（指两个脸颊）注重补水滋润。

√ 美白方案

保湿美白面霜 + 美白保湿面膜

混合型皮肤美白清洁很重要，洗脸时要重点清洁 T 区，V 区轻轻带过，以避免 V 区受损，只有清洁好了美白才能事半功倍，选择保湿美白功效的护肤产品，这样能使皮肤油光不油腻，有助于美白。但对于混合型的皮肤建议最好备有两种面膜，一种是美白保湿面膜，一种是清爽美白面膜，这样可以平衡混合型皮肤的油脂分泌，有助于美白。

## **敏感**皮肤

美白产品中含有的维生素 C 很容易氧化，是敏感皮肤的大敌，在美白之前，先要强健角质层的保护膜，增厚皮肤壁，让皮肤足够强壮。而美白时先从晚霜产品开始，逐渐适应后再加入美白精华。

√ 美白方案

保湿化妆水 + 控油保湿面膜 + 清透防晒产品

女性 25 岁以后胶原蛋白将减少生成，而皮肤壁较薄的敏感皮肤，即使是年轻皮肤，在不利的外界条件下，胶原蛋白减少的速度远比别人快得多，因此，美白前特别要注意胶原蛋白的补充，不然效果可能大打折扣。

## **老化**皮肤

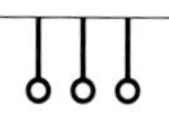

由于生活作息时间不规律，经常熬夜，以及过多地抽烟、喝酒、日晒等多种原因造成内分泌失调、皮肤老化出现明显的色斑、雀斑，且分布面积大，斑点颜色较深。

√ 美白方案

美白精华液 + 美白面膜

这类皮肤必须坚持一年四季的持续美白，虽然斑点形成后很难消除，但如果坚持使用浓缩型的美白精华液，并辅以美容院定期的美白护理，淡化斑点并不难。

## 专属美白定制战略

想真正意义上达到“白”，就需要定制专属美白方案。相比四季皮肤美白，“肌龄”定制美白更为重要，分龄对症定制专属美白方案，才能拥有白皙好皮肤。

### 青春美白——20+

年龄处于 20+ 这段时期的青春美白战士们都在为了生活到处奔波，所以，造成皮肤暗黄粗糙的原因除了老化了的细胞在表皮的堆积、缺乏运动导致的循环代谢减慢等自身原因外，还与紫外线和空气污染对皮肤的伤害有关，所以，对抗暗沉既要注重内部的保养，也要预防外界的伤害。内部保养的产品要深入祛黄，重拾明亮皮肤。

Tips

1. 工作有化妆需求的，每天必须彻底卸妆清洁皮肤，定期适度去角质。
2. 合理规律的日常生活和饮食习惯，有利于皮肤正常代谢。
3. 运动不能少，每天至少运动 30 分钟，以有氧运动为佳，帮助加快皮肤新陈代谢，排除毒素。
4. 避免长期逗留在空气环境恶劣的地方，注重防晒并尽量避免辐射。

## 知性美白——30+

当我们进入而立之年的 30+，皮肤逐渐老化，对光线的折射率逐渐减低，肤色就会越来越深。肤色明亮与皮肤细胞的活动密切相关，当皮肤细胞更新能力正常时，皮肤内部的胶原蛋白、弹性纤维以及透明质酸的含量较高，皮肤的含水量也就相对较高。含水量是皮肤健康的前提保证，所以，对抗暗沉和提亮肤色的关键也就是含水量。要保持高含水量，皮肤细胞的更新与代谢才能健康稳步发展。

除了保持滋润和营养之外，还需选择更加全效的美白亮肤产品，帮助肤色恢复明亮、清透，去除暗沉。

1. 美白加补水，同时进行。保湿面膜不可少，帮助补充胶原蛋白、弹性纤维以及透明质酸。
2. 含有维生素 A 和维生素 E 的产品在对抗自由基方面功效卓越，能增强皮肤的抗氧化能力。
3. 定期按摩面部，促进皮肤细胞活动。

## 气质美白——40+

到了 40+ 的年龄段，细纹和皱纹开始真正出现，皮肤中的胶原蛋白纤维开始减少、衰退，皮肤逐渐失去往昔的弹性。这是因为伴随着皮肤细胞活性的下降，代谢的能力也随之下降。所以，已形成的斑点和色素沉积不容易被排出，即便使用了一些美白产品，依然有可能处于“美白停滞”的状态。这个时候对抗暗沉肌，需制定一个更加完善的美肌系统。补水、抗衰老、美白三步齐下，才能真正回到白皙亮泽的皮肤。

1. 重点赶走黑色素，产品选用上除美白淡斑外，抗衰老效果也要注重。
2. 制订周密的补水、抗老、美白计划，早中晚、春夏秋冬，因时、因季制宜。

## 隔离防晒 ·全年无休·

无孔不入的紫外线，无论哪个季节，无论阳光是否强烈，它都会光顾到我们脆弱的皮肤，防晒就成了美白抗衰老的最大的保养功课。全年无休地防晒，避免日光辐射对皮肤的刺激，撑起健康白皙皮肤的第一道屏障，为皮肤储存美白抗衰老的资本。

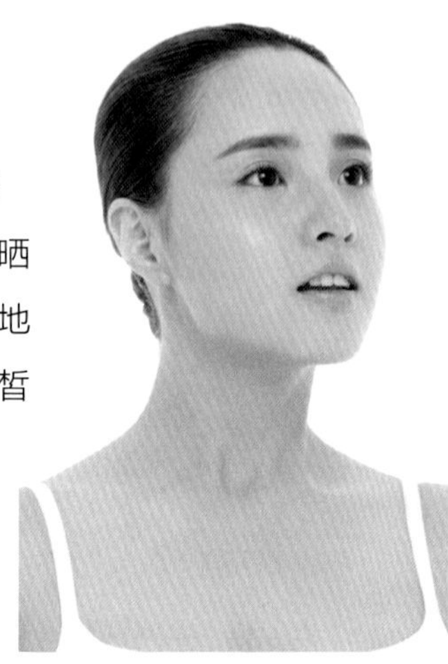

### 防晒保养全攻略

#### 防晒要趁早

阳光中紫外线对皮肤的伤害并不是从我们成年后开始的，紫外线对皮肤造成的损伤，会在体内不断积累。从婴儿第一次接触阳光那一刻开始，如果你在一生中的每一天都坚持使用防晒霜，你的衰老的速度也会变慢。因此，越早开始防晒，就越能将阳光损伤降至最低。在十几岁时不注意防晒的人，在 20 岁以后就该多加用心了。

#### 正确使用防晒产品

使用防晒产品必须放在护肤程序的最后一步，任何护肤品就算单纯的水质保养品也会稀释或者溶解防晒成分，破坏防晒效果。

涂抹的次数和间隔应该根据具体情况而定，一般的防晒用品防汗时长为 30 分钟，防水时长为 80 分钟。如果你长时间在室外活动，建议一个小时补擦一次防晒霜。

#### 四季防晒勿偷懒

很多人只在夏季使用防晒产品，其实，无论哪个季节，紫外线都是存在的，应该一年四季都涂抹防晒霜。可以针对不同季节使用不同防晒指数的防晒霜，但是还是需要坚持使用防晒霜，这样才能延缓皮肤的光老化进程，起到抗衰老的作用。

## 阴雨天一样要防晒

阳光中的紫外线，即使在薄雾、阴天和有云层的天气，也照样存在。将阳光对皮肤的伤害降到最低，阴雨天也记得一定要使用防晒产品，可以将防晒系数稍微降低一点。

## 室内也需要防晒

不但阳光可以透过玻璃带来紫外线，室内的一些光源或者电脑屏幕也会持续释放辐射，同样损害我们的皮肤，让我们的皮肤加速老化。并且，长期室内工作的人对紫外线的敏感性比从事户外工作者更高，所以，室内也需要防晒保养。

## 全面防晒无盲区

很多人认为做防晒的时候只要脸上、四肢涂了防晒产品就够了，而忽略了我们的眼周、嘴唇、双手、耳后以及颈部。这些部位同样要接触紫外线，同样容易晒伤，全面防晒一定要无盲区防晒。

防晒产品和一般护肤品一样，需要一定时间才能被皮肤吸收并发挥功效，所以，务必在出门前 20 分钟就涂抹完毕，让防晒剂充分地渗透到角质表层，才能真正起到阻隔紫外线的效果。

## 使用防晒产品要卸妆

防晒分为物理防晒和化学防晒，物理防晒主要是通过反射紫外线的方式来实现防晒的目的，而化学防晒主要是将紫外线转化为热量，进而排出体外实现防晒。日常的清洁不能够完全清除防晒产品的残留，仍需要依靠卸妆产品，因此，使用防晒产品后一定要认真卸妆。

## 分龄精准防晒保养

### 清爽防晒 20+

这个年龄段的年轻皮肤看似健康，却很脆弱，容易受到外界的刺激，留下皮肤隐患，一定要更好地做好皮肤保养。

二十几岁的年轻皮肤，油脂分泌旺盛，容易泛油光，质地太厚的防晒乳容易堵塞毛孔，令毛孔发炎、长痘并形成暗疮，因此一定要选择一款清爽型防晒产品，这类产品质地轻盈，不会给皮肤带来负担。

### 水润防晒 30+

这一阶段的皮肤已经渐渐步入成熟，皮肤新陈代谢开始变慢，水分容易流失，皮肤也出现暗沉、细纹、松弛等早期的老化症状，建议选用水润型的乳状防晒品，在皮肤表面形成防水膜，防止水分流失，让皮肤保持滋润感。

### 抗老防晒 40+

40 岁后的成熟皮肤细胞功能衰退，皮肤里的胶原蛋白和水分开始流失，常年累积的色素沉积至皮肤深处，皮肤便开始出现暗沉、皱纹及色斑等问题，这时，单一防晒功效的防晒产品已不能满足皮肤的需求，需要防晒的同时抗衰老，修护皮肤。

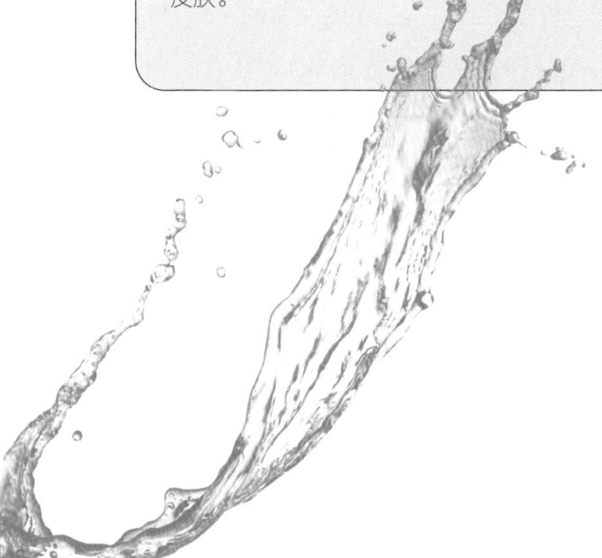

## 如何选择防晒霜

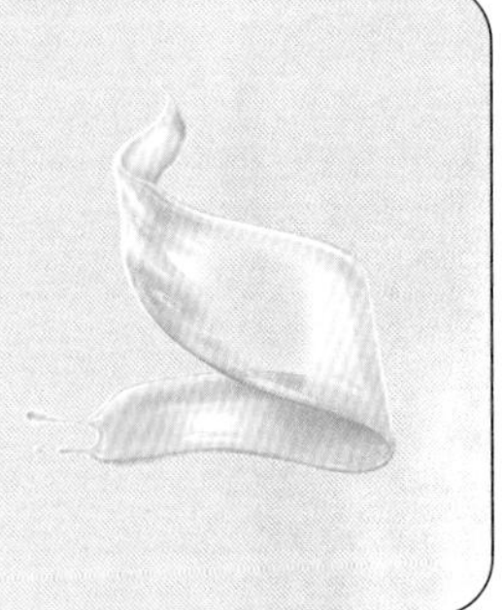

市面上防晒产品种类繁多，被 SPF（防晒系数）、PA（抵御紫外线能力）等指标，还有 UVA（生活紫外线）、UVB（户外紫外线）等专业用语弄得不知所措。如何选择适合自己的那一款呢?

### 懂防晒品中的数字含义

UVB 不仅会加速皮肤老化，SPF 作用是抵抗紫外线中 UVB 的指数，美国皮肤病学会指出，SPF15 的防晒霜能阻挡 93% 的紫外线，SPF30 的防晒霜可阻挡 97% 的紫外线，但数值越高，产品质地越厚重，更容易堵塞毛孔。因此，在选择防晒霜时应根据自己的外出时间来决定，若时间较短就不必追求高 SPF 值。

### 让你的防晒品具有双重责任

在选择防晒产品时，建议选择有附带功效的产品：譬如你的皮肤很敏感并且容易泛红，那么选择配方中含有消炎成分的防晒品；如果你有色斑，则选择成分中含有大豆精华、烟酰胺以及一些其他美白成分的防晒品。

### 根据皮肤状态选择防晒产品

只有适合皮肤状态的产品才是最好用的，选购防晒产品前，先了解自己的皮肤状态，根据皮肤状态选择适合自己的产品。

干性皮肤：紫外线的 UVA 射线会损伤皮肤中的胶原蛋白细胞，使皮肤失去弹性，产生皱纹，让皮肤变得更加干燥。日晒后面部容易产生斑点，干性皮肤是雀斑、黑斑的高发群体，应选择针对 UVA 射线具有隔离功能的防晒产品。

油性皮肤：油性皮肤油脂分泌旺盛，毛孔粗大，容易造成毛孔堵塞，所以防晒品要选择水质喱、乳液状产品。挑选防晒产品时认准“non-comedogenic”（不会引发粉刺）字样，这说明防晒品没有促使粉刺形成的成分，是油性皮肤和痘痘肌的首选。

混合性皮肤：混合性皮肤 T 区出油容易脱妆，防晒保养前使用 T 区专用的控油产品，抑制皮脂过度分泌，使防晒品的效果更持久。选择均衡防晒的产品，一方面在偏干的地方补充水分，另一方面在过油的地方起到控油兼具防晒的功能。

BianMei

Hen JianDan

# 问题皮肤急诊室

**养好皮肤 轻松上妆零压力**

随着年龄增长，环境污染、压力、不健康的生活习惯都在伤害着我们的皮肤，皮肤敏感而脆弱，出现面部油光、毛孔粗大、黑眼圈、源源不断的痘痘、色斑、细纹等皮肤问题，日常的基础护理远远不够，需要针对问题皮肤一一击破，问题皮肤急诊室教你如何拯救皮肤问题。

## 无“油”无虑 让皮肤·时刻保鲜·

油脂分泌是皮肤天然的润滑剂和保护伞，能够完善皮肤的防御功能，控油保养的本质并非将油脂全部去除，而是控制皮肤的油脂和水分分泌平衡，让皮肤的酸碱度、保湿能力和代谢功能达到健康的状态，油光自然不会出现了。

### 控油保养全攻略

#### 清扫油光

改善油光首要环节就是通过清洁来给皮肤扫油，选择性质温和清爽的洁面产品，洗净皮肤多余油脂，清除化妆品残余和灰尘。

清洁次数要控制，频繁的清洁只会破坏皮肤皮脂膜，导致皮肤越来越干、越洗越油。一般肤质者，建议一天洗两次脸，油性皮肤可以一天洗 3 次脸。

#### 抑制油脂分泌

清扫油光后，选择具有控油功效，含有酒精成分的化妆水，微量的酒精成分在皮肤表面挥发时能带走皮肤热量、收缩毛孔，抑制皮肤油脂分泌。同时，调节皮肤酸碱平衡，帮助补充水分。

#### 平衡油脂分泌

如果你的控油功课只在“油”上下功夫，而忽视补水，想告别油光是难以实现的。皮肤在缺水状态下，油脂分泌系统就会通过多分泌油脂来锁住皮肤剩余水分，反而会越来越油，这时及时为皮肤补充水分，让充足的水分滋润皮肤，平衡皮肤的油脂分泌，出油现象自然缓解。

## 清理油垢

出油的皮肤容易吸附污垢、堆积角质，阻碍皮肤对营养成分的吸收，每月 1 ~ 2 次去角质清理油垢，保障毛孔的畅通，让活性成分更有效地透过皮肤，作用到皮肤深层，产生更出色的效果。

每星期 1 ~ 2 次深层清洁面膜能够有效地将深藏毛孔内的油脂杂质吸出来，确保毛孔畅通无阻。清洁毛孔之余还能够补充水分，非常实用。

## 细心防护

紫外线不光会导致氧化、让黑头愈发泛滥，也极易刺激毛囊，使炎症愈发恶劣，是出油越来越旺的主要原因，想要有效控油，防晒是必不可少的，针对油性皮肤选择清爽且含有控油成分的防晒产品即可。

同时要认清控油成分，其中维生素 B2 可以调节油脂分泌，缓和皮肤炎症；而维生素 B6 则可以代谢蛋白质并能防止脂溢性皮炎的产生。同时认清控油成分，其中维生素 B2 可以调节油脂分泌，缓和皮肤炎症；而维生素 B6 则可以代谢蛋白质并能防止脂溢性皮炎的产生。

## 内在调养

少摄入高脂肪、高糖分、煎炸类食品，多吃蔬菜和水果，每天喝 6 ~ 8 杯水保证体内水分平衡，保证充足的睡眠。

## 分度控油

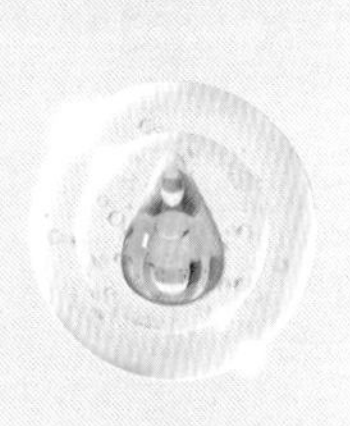

控油保养前先了解自己的皮肤，根据自己皮肤的油脂分泌油程度来调理皮肤状态。

### **单纯的**油性皮肤

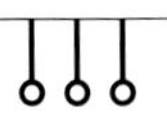

仅出现油光满面，毛孔较粗大，但无其他症状。

以控制油光缩小毛孔为主。

### **油性**缺水性皮肤

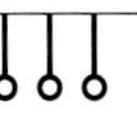

水油不平衡，水分保不住，常有外油内干的感觉，严重时还有脱皮现象。

使用不含油脂的补水护肤品。

### **油性**痤疮性皮肤

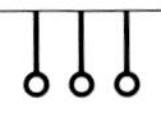

油光满面，毛孔粗大，且分布于面部数量较多的痤疮。

控油、消炎、除痤疮为主，通常需要较强效的护肤品

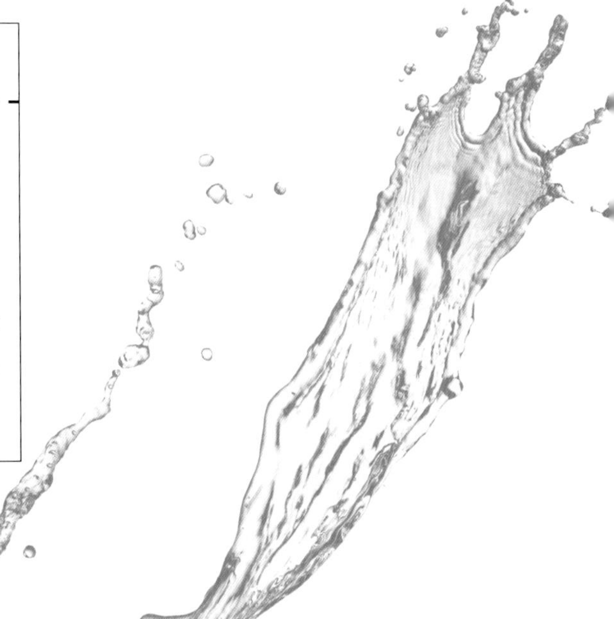

## 对症反“孔” ·开启美肌密码·

随着年龄增长，原本光滑细腻的皮肤毛孔形状在慢慢变化，日益“粗大”，皮肤变得粗糙、暗沉、泛油并且松弛，找对保养方法，让皮肤细嫩无瑕，从此告别美颜相机。

### **油性**皮肤

#### √ 症状

满面油光，尤其是 T 区，毛孔呈 U 形扩张，皮肤泛黄、暗沉、粗糙。

#### √ 原因

油性皮肤最容易出现毛孔粗大的皮肤问题，当皮肤油脂分泌过于旺盛时，毛孔通过扩张才能顺利排出不断增多的油脂，毛孔渐渐被撑大，变得明显；如果没有及时保养，过剩的油脂堆积在毛囊里，会形成痘痘、粉刺与黑头。

#### √ 毛孔保养对策

1. 油脂分泌异常的出油型毛孔问题，首先是控油，日常保养中选择具有抑油、控油功效的保养品，保持皮肤清爽。
2. 同时也不要忽略补水工作，以免皮肤因缺水而出现过度出油的补偿作用，加强皮肤代谢、调节皮肤的水油平衡。
3. 养成良好的生活习惯，均衡膳食，饮食尽量清淡，多吃蔬菜水果，少吃辛辣、刺激、油炸、熏烤的食物。

## **干燥**缺水型

### √ 症状

脸上皮肤干燥紧绷，毛孔纵向延伸呈椭圆形，皮肤纹理较明显，上妆后会有脱皮现象。

### √ 原因

很多人认为只有油性皮肤才有毛孔粗大的困扰，实际上干燥皮肤也会出现毛孔粗大的现象。当皮肤缺乏水分时，真皮层的细胞加速老化，表皮层的细胞因缺水而萎缩，让原本不明显的毛孔扩张变得明显。导致皮肤粗糙、细纹明显，严重时会出现干纹、脱皮等现象。

### √ 保养对策

1. 1. 使用具有深层补水能力的化妆水，水油兼备的滋润乳液，长效锁水的精华素，进行全面的补水保湿护理，将皮肤调理到水油平衡的最佳状态。
2. 2. 注意饮食营养均衡，多食能转化皮肤角质层、使皮肤光滑水嫩的维生素 A，例如动物的肝、肾、心、瘦肉等，多吃新鲜的蔬菜、水果，避免营养不良造成的皮肤干皱、毛孔粗大。

## 角质代谢缓慢型

### √ 症状

T 区经常泛油光，毛孔发黑，有粉刺产生。

### √ 原因

健康皮肤的角质层不断更新，老废角质自然代谢、剥离。因老化、清洁不彻底、日晒、出油过多、作息改变、天气变化等原因，影响角质层代谢的速度，造成老废角质堆积过多阻塞毛孔，当毛孔周围的老化角质进入毛孔中，与毛孔内囤积的皮脂相互混合，形成角栓的固体物，不断堆积变大，最后撑大了毛孔。

当角栓被皮肤覆盖，接触不到空气未能被氧化，就会形成白头粉刺；当角栓发展至皮肤表面，接触到空气时被氧化，颜色就会变黑，形成黑头；皮肤有炎症没有及时护理，被阻塞的毛孔发炎，就会形成痘痘。

### √ 保养对策

1. 认真做好每日的卸妆和清洁工作，避免毛孔内有化妆品的污垢残留。
2. 使用平衡油脂分泌，疏通毛孔的化妆水和乳液进行日常护理。
3. 定期选择温和成分的产品去角质，促进角质代谢功能。
4. 去角质后角质层会变薄，比较容易晒黑，因此一定要做好防晒工作，预防紫外线对皮肤的伤害。

## 老化松弛的毛孔

### √ 症状

皮肤松弛，暗沉，毛孔狭长，呈直长形或椭圆形。

### √ 原因

皮肤会随着年龄的增长自然老化，代谢功能开始变慢，因身体内胶原蛋白与弹力蛋白的流失，导致皮肤的皮下组织脂肪层变得松弛、缺乏弹性，如果没有及时给予适当的保养，毛孔因松弛而扩张变得粗大，皮肤会加速老化形成皱纹。

### √ 保养对策

1. 认真做好日常清洁保养工作，定期温和去除老化角质，保证毛孔通畅，便于吸收营养。
2. 给皮肤补充足够的营养是毛孔保养的关键，选择高营养成分同时兼具收紧面部松弛皮肤作用的抗衰老精华，帮助皮肤恢复整体弹力，尽可能地去改善已经形成的粗大毛孔。
3. 养成良好的生活习惯，平时注意多喝水、多吃富含维生素 A 或者胡萝卜素的食品，少吃煎炸、辛辣等刺激性食物，保证充足的睡眠。

# 打好皮肤敏感“保卫战”·重现皮肤活力·

每到换季敏感时，平日强悍的皮肤也容易变得脆弱，皮肤敏感困扰着很多女生，这时需要全方位的保护，才不会在敏感季被击败。

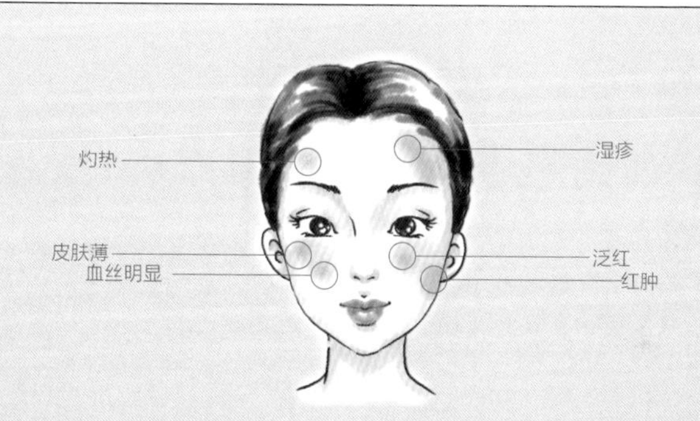


## 敏感性皮肤的特点

敏感性皮肤是一种问题性皮肤，任何肤质中都可能伴有敏感性皮肤。敏感性皮肤脆弱而不稳定，极其容易受外界刺激从而出现红肿、发痒、脱皮、刺痛、红疹等不适现象。

1. 面部皮肤较薄，细腻白皙，毛细血管隐约可见。
2. 皮脂分泌少，较干燥，角质层锁水的能力降低，皮肤表面的皮脂膜形成不完全。
3. 眼周、唇边、关节、颈部容易干燥发痒或产生细小皱纹。
4. 接触化妆品或季节过敏后容易引起皮肤过敏，出现红、肿、痒，皮肤缺乏光泽，脸颊易充血红肿。
5. 因季节变化而使皮肤容易呈现不稳定的状态，主要症状是瘙痒、烧灼感、刺痛、出小疹子。

## 敏感性皮肤的致敏因素

要消除敏感，首先要找到导致敏感的原因所在。引起皮肤敏感的原因有很多，如遗传、疾病、化妆品不耐受、季节更替、紫外线辐射等因素。皮肤敏感一般分为4种类型，类型不同，引发原因不同，症状表现也不同。

### **特应性**敏感

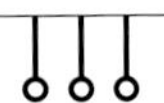

又称先天性或遗传性敏感，皮肤先天脆弱易敏感，易受外界刺激而发生敏感反应。

√ 过敏症状

皮炎、湿疹。

√ 致敏原因

受遗传体质影响，造成先天的皮肤敏感脆弱，表皮层变薄、保护力薄弱，真皮层血管明显且敏感。

### **血管神经性**敏感

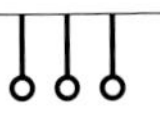

血管壁脆弱，对外在环境、温度变化和不适当的饮食习惯有明显的反应。

√ 过敏症状

皮肤易发红，有红血丝。

√ 致敏原因

神经末梢发生变异，导致释放更多的神经介质，导致血液循环异常。表现为面部有局部发红或红血丝、皮肤表皮薄，毛细血管明显等。

### **接触性**敏感

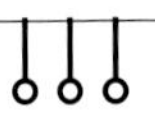

皮肤接触到化妆品中的某种刺激成分等会产生不适的过敏反应。

√ 过敏症状

发痒、红肿、有刺痛感。

√ 致敏原因

化妆品耐受性综合征，通常由化妆品中某些物质引起的皮肤敏感反应。

### **环境刺激性**敏感

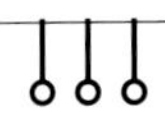

皮肤因冷热或气温的极端变化、紫外线和外界污染而发生的刺激反应。

√ 过敏症状

湿疹、痘痘。

√ 致敏原因

紫外线对皮肤产生损伤，引发的皮肤血管扩张。

# 敏感性皮肤的日常保养

## 适度清洁

适度清洁是敏感皮肤的保养重点，面部皮肤直接接触到外界，空气中的灰尘与皮肤自身分泌的油脂会混合附着于面部。如果没有得到及时的清洁，会造成毛孔堵塞，引发细菌滋长，加重皮肤过敏现象。洁面时的水温也要特别注意，以35℃以下为宜。过热的水温会让脆弱的皮脂膜受到刺激，加重瘙痒和刺痛的症状。

## 补水保湿抗敏

敏感性皮肤由于角质层薄，所以很难保住足够的水分，会比一般人更容易感觉缺水、干燥，因此敏感性皮肤及时补充皮肤水分、保持皮肤水润才是护理关键。面膜“密闭的保湿效果”绝对使其他保养品望尘莫及，最好一周使用两次来增加皮肤的水分。

## 防晒抗敏

紫外线也是促使皮肤敏感的主要原因，过度的紫外线随时可能引起皮肤灼伤，出现红斑、发黑、脱皮等可怕的过敏症状。同时还会破坏皮肤的保湿功能，使皮肤变得干燥粗糙。所以在擦上基础保养品之后，一定要再涂防晒品。

## 减少化妆次数

敏感皮肤应减少化妆的次数，由于化妆品中的成分有可能会对敏感肌造成一定程度上的损伤，因此应当尽量避免化浓妆，而应选择较为清丽的裸妆。

## 合理膳食

在饮食方面，要注意营养平衡，可多吃一些奶制品、淡水鱼、豆制品及新鲜蔬菜、水果，以增强皮肤抵抗力。避免吃海鲜等易引起过敏的食物。

### 过敏了怎么办?

1. 当皮肤出现过敏现象时应停用所有的化妆品，让皮肤有缓冲的时间。
2. 不要擅自用药。未经皮肤科医生诊断，不要自行到药店购买软膏使用，这是伤害皮肤的做法，长时间使用会产生副作用而危害到健康。
3. 不要经常用手触摸及摩擦患处，这是很危险的。

## 胜“痘”士的·完美必杀技·

痘痘肌是一种常见的皮肤病，俗称粉刺、暗疮，医学上统称为痤疮。它是由于毛囊及皮脂腺阻塞，发炎所引发的一种慢性炎症性皮肤病；也是美容皮肤科的最常见的病种之一，通常好发于面部、颈部、胸背部、肩膀和上臂。这种疾病青春期多见，但也不完全受年龄的限制，从儿童到老人，几乎所有年龄段的人都有发病的概率。

### 必杀技之“识痘”

痘痘肌是最常见的皮肤问题，想要战胜痘痘肌，必须先认识它们，才能对症消灭痘痘。

#### 非炎型青春痘

##### 白头粉刺

√ 形成原因

角质层厚重 + 皮脂分泌旺盛

白头粉刺是一种闭合型的青春痘，也就是那些还没有从皮肤里面“探出头”的痘痘，白头粉刺多见于油性皮肤，常发生于皮肤比较细腻的地方，比如面部、胸部和背部等。

##### 黑头粉刺

白头粉刺 + 表面酸化 / 氧化

黑头粉刺又称黑头，为开放性粉刺，是皮肤油脂在空气中的氧化，同时有灰尘污垢积存在毛囊内，变成黑色半固体。黑头粉刺特征为明显扩大的毛孔中的黑点，挤出后形如虫卵，顶端发黑。

## 炎症型痘痘肌

### 丘疹型青春痘

√ 形成原因

粉刺 + 细菌感染

由发炎、分泌物积聚或组织层的肥厚所引起，皮肤表面小而坚实，呈现圆锥形或半球形隆起的小疙瘩，多为红色，周围伴有轻度炎症。

### 脓疱性面疱

√ 形成原因

丘疹型青春痘 + 细菌交叉感染

是丘疹型青春痘恶化引起感染所形成，大量脓细胞堆积与皮肤表面形成脓疱，破溃后可流出黏稠的脓液，伴有轻度压痛。

### 结节型青春痘

√ 形成原因

粉刺 + 细胞纤维变粗

也称疖疖，因挤压或清洁不当，造成皮脂管完全破裂，大量皮脂、角化物、脂肪酸等摄入周围组织，皮肤表面化脓，炎症深度扩散，皮下形成红色或暗红色结节状硬块，结节部位硬，并伴有灼热疼痛，破溃后会流脓血，愈合后留下疤痕。

## 必杀技之“防痘”

预防胜于治疗，对于痘痘肌最好的方法就是预防，将痘痘扼杀在摇篮里。

### 保养品以清洁为主不宜太滋润

太滋润的保养品会加重皮肤的负担，青春期的皮肤油脂分泌量非常充足，保养应以清洁为主，可以用痘痘皮肤专用的洁面乳。洗脸既要干净，也不能过度。

### 饮食清谈

高热量的、刺激性的食用品固然不会直接引发痘痘，但会令已形成的痘痘恶化，而食用品纤维摄进不足，身体毒素不易排出也不利于痘痘消退。

### 保持规律的生活规律

熬夜、情绪焦虑都会使得体内荷尔蒙失调，使油脂分泌激增，痘痘更容易形成。而运动、泡浴、香薰都有很好的舒缓压力的作用。

## 必杀技之“抗痘”

痘痘是反应我们身体内部发生病变的一面镜子，找准原因分别对抗，对症彻底消除痘痘。

### 对抗额头痘

额头长痘痘，说明心火旺、血液循环有问题，日常生活中精神压力过大，经常熬夜，肝脏排毒功能不佳，体内积聚了毒素。

**抗痘秘技**

1. 每天做好皮肤清洁及隔离防晒保养，外出做好防晒。
2. 不要熬夜，睡眠要充足，保持心情轻松愉悦。
3. 合理膳食，补充体内水分，保持皮肤水油平衡。

### 对抗鼻头痘

鼻头长痘痘，除了此处油脂分泌旺盛外，还与胃火过大、胃部毒素堆积有关。胃部的毒素总是离不开吃，多是饮食不节制从而形成毒素。

**抗痘秘技**

减轻胃部负担，远离辛辣、油腻等刺激性食品，细嚼慢咽，禁止暴饮暴食，少吃生冷食物，不熬夜，保持好心情。

## 对抗鼻翼痘

新陈代谢不佳时，鼻翼附近会出现黑头、干纹和皮肤破裂，也可能与卵巢机能或生殖系统有关。

### 抗痘秘技

注意自己的生殖系统保养，调节内分泌，恢复皮肤正常代谢功能，面部清洁时不要忽视鼻翼这个卫生死角。

## 对抗脸颊痘

左脸颊长痘说明肝脏功能失调，血液循环有问题，造成血液排毒能力降低。右脸颊长痘痘是肺部有炎症的表现，出现肺火上升、喉咙干燥、痰多咳嗽等呼吸系统问题，右脸颊也容易生痘痘。

### 抗痘秘技

放松心情，不要熬夜，保持充足的睡眠。禁止吸烟、饮酒，禁食海鲜、热带水果等易敏食物，多到户外活动，吃一些凉血的食物，如丝瓜、冬瓜、绿豆等。

## 对抗唇周痘

便秘、肠热导致体内毒素堆积，使用含氟过多的牙膏、饮食过于辛辣都是嘴唇周围长痘的原因，若长在人中部位，则可能是泌尿与生殖系统问题。

### 抗痘秘技

养成良好的饮食习惯，多吃高纤维的蔬菜水果，餐后是最容易产生毒素的时刻。所以饭后不妨多走动，但不宜剧烈，平时多喝一些润肠通便的茶饮，帮助肠道消化，减轻肠道的负担。

### 对抗下巴痘

下巴长痘，一般表示体内激素失调。有些女性青春痘通常只长在下巴，还逐渐形成规律，月经来的时候长，月经结束的时候会消，如此周而复始。这主要是由于体内激素分泌非常旺盛，变化的幅度比较大，也就是内分泌失调引起的。

**抗痘秘技**

注意休息，保持心情平和，多喝水，少吃冰冷的食物。

## 必杀技之“调痘”

长痘不要慌，教你内外调养，轻松祛痘。

### 洁面是调痘的重要环节

水油平衡和修复皮肤皮脂膜是关爱痘痘肌的第一步，选择清洁力温和并具有调理功效的洁面产品，去除多余的油脂，维持皮肤的光滑洁净。

### 正确选择保养品及化妆品

痘痘肌本身脆弱易损，需要补充丰富的养分来调节肤质，根据痘痘的严重程度，可以适当选用一些果酸、水杨酸的祛痘产品。

### 消炎祛痘

长痘痘时需要进行消炎和镇静护理，才能有效地杀死痤疮杆菌，快速祛痘并且预防痘痘复发。

### 补水祛痘

痘痘肌的面部一般比较油，水油失衡，一味地控油是不行的，还要加强补水保湿工作，尤其是在消炎后，要及时给皮肤补充水分。

### 养成良好的生活习惯

你的日常作息时间、饮食结构都很大程度上决定了皮肤的好坏，只有保持良好的生活习惯才能很好抑制痘痘的出现。多吃清淡的食物，尽量避免食用辛辣、油炸和高脂肪食物，每天保持充足睡眠并做适量的运动，保持心情愉快。

## 告别熊猫眼 ·从改善“色、形、纹”做起·

黑眼圈、眼袋、细纹困扰着很多的爱美女性，黑黑的眼圈挂在白皙的脸庞上，明明睡得饱饱的，可是看起来依然还是睡眼蒙眬的憔悴感，就像熊猫一样，所以黑眼圈总是会被人叫成是“熊猫眼”。

| 形成原因 | |
|---|---|
| 黑眼圈是一种较常见的眼部问题，眼周皮肤有深浅不同的色素沉着，通常为青蓝色或深褐色的阴影，分为先天性和后天性两种，先天性与遗传有关，较难去除，通常通过护理使色素稳定不再发展；后天性的通常日常护理可改善并祛除 | |
| 环境因素 | 眼部皮肤较为纤薄，透出的静脉血颜色比较暗沉，经过光线的折射后容易使靠近眼皮的静脉血管颜色呈现紫黑色的眼晕，从视觉上就形成了黑眼圈，空气污染、季节变换、阳光照射、辐射等均会造成黑眼圈 |
| 生理因素 | 研究表明入睡时间早晚与黑眼圈分级呈正相关，入睡时间晚容易出现黑眼圈、眼部疲劳，用眼不当使得眼睑长期处于紧张收缩状态，血液循环不畅，眼周血管充盈、眼圈淤血，从而导致色素沉积遗留而产生黑眼圈，吸烟和饮酒等不良生活习惯使得血管长时间呈充血状态，从而色素沉积遗留产生黑眼圈 |
| 病理因素 | 如遗传、过敏、衰老、生理周期、疾病及药物作用都会造成眼周皮肤颜色比周围深，也会因血液循环不良而产生黑眼圈 |
| 化妆品使用不当 | 化妆品使用不当，使得色素颗粒渗透至眼皮内，也容易产生黑眼圈 |
| 外伤 | 眼眶周围软组织损伤，引起皮下出血，血流淤滞，从而产生黑眼圈 |

## 黑眼圈的类型

### 色素型

色素型的黑眼圈可能更符合人们心目中黑眼圈的形象：颜色从浅褐、深褐再到黑色都有可能，既能在下眼睑出现，也可分布于上眼睑，围上整整一圈，用手撑开眼睑皮肤，色素型黑眼圈不会发生任何颜色上的变化。

√ 形成原因

因日晒、药物、湿疹、时常搓揉眼部等原因形成的。分布在上下眼睑的褐色或灰色斑点，造成皮肤褶皱明显，属于色素型黑眼圈。

眼部化妆是最频繁的，因没有经过任何眼周护肤就直接使用彩妆用品，卸妆动作粗鲁，或是如果经常化妆但是眼部没有彻底卸妆的话，很可能色素沉淀形成黑眼圈。

| 改善方案 | |
|---|---|
| step 1 | 选择美白成分的洁面产品，搭配美白眼霜，轻轻点在眼周皮肤上按摩至吸收 |
| step 2 | 要想解决色素型黑眼圈，首先要避免更多的色素沉积，养成使用防晒霜、太阳镜的习惯，做好眼周的防晒 |
| step 3 | 每周敷 1 ~ 2 次去黑眼圈的眼膜，利用眼膜的密闭效果让成分完全渗透，进行集中美白 |

### 血管型

血管型黑眼圈是在中国人中最常见的黑眼圈类型。血管型黑眼圈还可细分为两种，浅蓝色的静脉型与泛紫红的毛细血管型。在下眼睑出现浅蓝色或是紫红色的眼圈。用手撑开黑眼圈，皮肤延展得更薄，这里颜色会更明显，这也是血管型黑眼圈的特征之一。

√ 形成原因

眼睑皮肤是人体皮肤最薄的地方之一，皮下脂肪层非常薄甚至没有，薄得几乎透明。因此皮下与肌肉中血管便透出颜色来。年龄增长带来的自然老化必然伴随着皮下脂肪的进一步减少与真皮变薄，光老化也会加重后者，因此黑眼圈会随着年龄的增加而愈来愈严重。

睡眠不足、熬夜、内分泌变化等原因，造成局部血液循环不畅，眼周血管充盈、眼圈淤血，形成黑眼圈。

| 改善方案 | |
|---|---|
| step 1 | 用适度的热毛巾敷在眼睛上，促进眼周的血液循环 |
| step 2 | 通过按摩来加快眼周的循环速度，用手指分别按摩攒竹穴（左右眉头塌陷部位的穴位）、太阳穴、四白穴（黑眼球正下方1厘米左右）缓解眼睛的疲劳状态 |
| step 3 | 缺乏睡眠是造成细胞缺氧、循环不畅的罪魁祸首，所以保证充足的睡眠才是改善黑眼圈最有效的方法 |
| step 4 | 改善黑眼圈的另一大要素是运动，包括全身的、局部的。所以平常生活中，加强锻炼是非常有必要的，当然，有黑眼圈的朋友做局部的运动更为重要，经常做做眼保健操、上下左右地转动眼球，对于加强眼部的微循环都是大有好处的 |

## 褶皱型

褶皱型的黑眼圈，是因为眼部皮肤松弛老化，褶皱带来的阴影所产生，并形成细纹以及黑眼圈。

### √ 形成原因

随着年龄的增长，日晒时紫外线造成真皮的弹性纤维及胶原蛋白减少，眼周皮肤肌肉都会变得松弛，同时脂肪量变化，引起睑板肌凸起下垂、眼袋膨出、泪沟凹陷，在眼睛下形成阴影，也就是黑眼圈。褶皱型黑眼圈的初期征兆就是鱼尾纹，若置之不理，黑眼圈就会马上出现。

| 改善方案 | |
|---|---|
| step 1 | 持之以恒地做好保养，一旦黑眼圈形成，就很难去除，我们需要提早在眼周使用抗衰老产品，让眼周皮肤保持年轻 |
| step 2 | 通过涂抹眼霜补充胶原蛋白，让眼部皮肤恢复弹性 |
| step 3 | 日常化妆的时候，我们可以使用眼部遮瑕膏，这个方法可以很直观地遮挡黑眼圈 |

## 眼袋的类型

眼袋会让人的形象大打折扣，让人看起来没有精神。不论男女均会有眼袋困扰，它是人体开始老化的早期表现之一。

### 先天型

这种类型的眼袋主要是由于遗传原因而产生的。在青少年时期就可能出现眼袋，并随着年龄的增加愈加明显。

| 改善方案 | |
|---|---|
| step 1 | 坚持使用具有改善眼袋功效的眼霜 |
| step 2 | 严重的先天性眼袋可以采取整形手术进行祛除 |

### 水肿型

长期失眠、熬夜、用眼过度、肾脏疾病、喜睡前喝水等导致淋巴循环不良而引起水分积聚，造成毒素和废物不能有效排除，堆积在下眼睑处，时间久了自然就会形成滞水性眼袋。也就是我们日常所说的“肿眼泡”。

| 改善方案 | |
|---|---|
| step 1 | 养成良好的生活习惯，保证充足的睡眠 |
| step 2 | 选择清爽水润型的眼霜或眼膜，避免营养过剩给眼部皮肤增加负担，加剧眼部水肿 |
| step 3 | 饮食清淡，睡前两小时要禁止摄入大量水分以及高盐分的食物 |

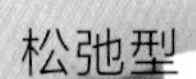

## 松弛型

随着年龄的增长或环境等因素的影响，眼部皮肤开始老化，皮肤变得松弛，皮下组织萎缩，眼周皮下脂肪堆积而形成的眼袋。有的松弛型眼袋是遗传造成的，但是老化是其形成的主要原因。

| 改善方案 | |
|---|---|
| step 1 | 坚持使用具有改善眼袋功效的眼霜 |
| step 2 | 严重的先天性眼袋可以采取整形手术进行祛除 |

# 无瑕美肤 ·别让斑点出卖了你的年龄·

很多人觉得斑点跟自己没有太大的关系，直到后来慢慢脸上出现了斑点，才有些着急，但却不明白自己脸上为什么会长斑。斑点不仅影响女性美丽，一旦脸上出现斑点还会增加你的年龄感，雀斑、黄褐斑、晒斑等皮肤问题困扰着很多爱美的女性，那么斑点到底是怎么形成的？斑点肌又该如何护理呢？

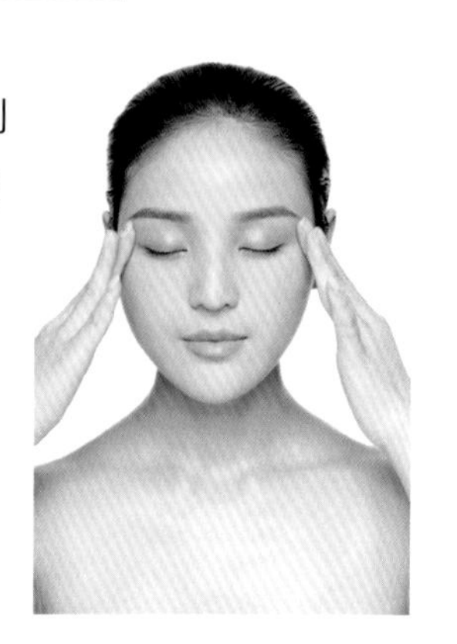

## 常见色斑类型解析

### 晒斑

√ 表现特征

晒斑即医学上所称的日光性皮炎，也称日光红斑。起初只是小红点，然后会根据个人肤质情况及日照皮肤受损情况，斑点会呈现浅红色、红色甚至为深红色。斑点有凸起和平滑两种类型，初期呈椭圆形，而过几日后椭圆形斑点衍变为大小、深浅不一的不规则棕色沉着斑，即晒斑。

√ 形成原因

晒斑是由日光或其他光线照射形成的，是皮肤对强光照射引起的一种急性损伤性反应，是一种光敏性皮肤病。

日光紫外线过度照射是导致晒斑形成的主要原因，此外，劣质化妆品里的铅、汞等化学金属成分具有吸光的作用，容易诱发皮肤的黑色团，而为了美白过分进行化学脱皮后，皮肤越发干燥，对光照也就越敏感，太阳一晒就会加重色素的沉着，引发晒斑。

| 护理方案 | |
|---|---|
| step 1 | 阳光曝晒无疑是晒斑出现的头号杀手，因此需要一年四季都做好防晒工作，外出擦防晒霜、带遮阳工具、夜间的晒后修复等等都要做得很充足 |
| step 2 | 祛斑部位应保持清洁，做好毛孔清理工作，防止毛孔阻塞，并给皮肤足够的水分补给 |
| step 3 | 均衡营养合理膳食，保持愉快的心情，充足的睡眠 |
| step 4 | 选择化妆品时要以适合自己的为主，避免使用含铅、汞、碱、酸的护肤品 |

## 雀斑

### √ 表现特征

雀斑是一种常见的染色体显性遗传性色素沉着斑点，属遗传性色斑。较小的黄褐色或褐色的色素沉着斑点，呈圆形、卵圆形或不规则形，色均匀，边缘清晰，多见于面部，尤其是双眼到颧骨的部位，偶尔也会出现于颈部、肩部、手背等处。

### √ 形成原因

雀斑多由遗传所致。一般始发于 5 ~ 10 岁的儿童，女性明显多于男性，也可发生于青春期后的少女，到 20 岁以后多数色斑呈静止状态、停止发展。

雀斑颜色的轻重，斑点数量的多少是与遗传程度、光照强度、年龄大小、地域不同、种族不同、职业与工作环境不同，甚至与心情不同、睡眠是否充足有一定关系。但在诸多因素中，雀斑的遗传基因影响最为关键。

| 护理方案 | |
|---|---|
| step 1 | 隔离防晒非常重要！平时应避免过度的日光照射，防止各种电离辐射，每天使用隔离防晒产品，避免色斑加重 |
| step 2 | 保持心情愉悦，调整生活习惯，戒掉不良习惯，如抽烟、喝酒、熬夜等。注意休息和保证充足的睡眠 |
| step 3 | 忌食光敏性药物及食物，如：补骨脂素甲氧沙林、芹菜、白萝卜、香菜、咖啡、可乐、浓茶等，多食富含维生素 C 和维生素 E 的新鲜水果和蔬菜 |

## 黄褐斑

### √ 表现特征

黄褐斑也称为蝴蝶斑、肝斑、妊娠斑，是面部病变的一种，多分布于额、颊、鼻等处，对称分布，呈现淡褐色，呈片状，斑片大小不等，边界清晰，形状不规则，不凸起。

### √ 形成原因

黄褐斑的出现多数与内分泌有关，尤其是和女性的雌性激素水平有关。因此月经不调、服食避孕药、肝功能或慢性肾病都会造成黄褐斑的出现。体内缺少维生素及外用化学药物刺激也会引起黄褐斑。

而日晒和精神压力又会加重黄褐斑的颜色，呈现为大片的淡黄色色斑。

### √ 护理方案

保持愉悦好心情。在所有斑点中，黄褐斑的产生与内分泌和情绪有着重大关系。因此，单纯采用美白产品来改善黄褐斑效果不是很明显。想要彻底祛斑，最关键的是要让自己快乐起来，斑点才会尽快消失。

## 黑斑

### √ 表现特征

黑斑，又称“黑色斑”，属于深层色斑，位于真皮层或更深层，通常无法借由美白产品改善。可分为先天性与后天性两种。先天性色素斑有一大部分就是胎记，大都在脸上或身上长出黑色或蓝黑色大块状的斑，称为太田氏母斑或伊藤氏母斑。

### √ 形成原因

黑斑的形成有多重因素。长期过度的紫外线照射，内分泌失调、荷尔蒙分泌异常、肝脏机能障碍，长期使用含铅、汞、化学色素或矿物油过多的化妆产品，导致皮肤过早老化发炎，或长期长痘痘、湿疹，都会刺激皮肤底层黑色细胞的繁衍，产生过多的黑色素，最终形成黑斑。

| 护理方案 | |
| --- | --- |
| step 1 | 避免阳光直接照射，紫外线对面部皮肤的损害较大，外出时须注意防护，一年四季都要使用防晒产品 |
| step 2 | 去除老化角质，随时保持毛孔畅通，平日里可以先进行局部去角质，再进行美白护理 |
| step 3 | 加强补水保湿，充足的水分可以维持皮肤的新陈代谢，加速淡斑的过程 |
| step 4 | 多摄取一些富含维生素 C 的食物，如草莓、番茄、樱桃、柑橘、杨梅、红枣等水果和绿叶类蔬菜。适量补充维生素 E，避免食用辣椒、大蒜之类刺激性的食物 |
| step 5 | 如发现自己患有内分泌失调以及便秘等消化功能紊乱的疾病，应及时到正规医院治疗，内调外养才是淡斑王道 |

## 老年斑

### √ 表现特征

老年斑即老年性色素斑，医学上称为脂溢性角化。一般出现于面部、四肢等部位，大小不一，形状各异，浅褐色、褐色或深褐色的斑点或斑片，多发生在中年以上的人群中。

### √ 形成原因

老年斑是皮肤老化的一种表现，其原因跟皮肤机能的逐渐衰退、内分泌紊乱、内脏功能减弱、血液循环不良及长期受日光照射都有关，使体内脂肪组织发生氧化，产生老年色素，这种色素不能排出体外，沉积在细胞体上，形成老年斑。

| 护理方案 | |
|---|---|
| step 1 | 增加体内的抗氧化剂，多吃含维生素E丰富的食物，如植物油、谷类、豆料、深绿色植物以及肝、蛋和乳制品等动物性食物。维生素E能阻止不饱和脂肪酸生成脂褐质色素，并有清除自由基与延长寿命的功效 |
| step 2 | 避免不利因素的刺激，做好防晒护理，戒掉不良习惯，如抽烟、喝酒、熬夜等 |
| step 3 | 适当选择抗衰老的产品，预防延缓皮肤老化 |

### 美白祛斑注意事项

无论任何类型的皮肤都可能出现长斑的现象，祛斑方法却大有不同：

#### 干性皮肤去斑法

此种皮肤淡化色斑的关键是给皮肤补充充足的水分，重建皮肤的健康系统。可采用具有超强渗透力的美白保湿产品，将角质层充分浸润、软化后轻松去除。再涂上美白滋润的保湿水或精华素，将水分送到干涸皮肤的最底层。

#### 油性皮肤去斑法

油性皮肤真皮组织较厚，有硬化倾向，老化角质易沉积，生成黑色素细胞的前一个阶段是角质细胞。所以要从最初的元凶开始抑制黑色素，因此对于油性皮肤来说，及时清除老化角质，就成了头等重要的任务。

#### 敏感性皮肤去斑法

敏感性皮肤由于表皮较薄，对于外界的刺激防护力较弱，尤其是紫外线的伤害，因此特别要做好防晒和抗衰老工作。

## 3D 紧致按摩术 ·击退松弛定格极致容颜·

抗衰老可以说是女人的终身事业，尤其近年来减龄、童颜、逆生长等关键词越来越常出现在人们的视野里，抗衰老也激起不少女性对保养的动力与决心，重新审视自己保养的习惯。

随着时间的推移，皮肤开始老化，慢慢地皮肤开始变粗糙，毛孔越来越明显，皮肤老化是岁月流逝的最好见证。需要勤于保养，抵抗岁月的袭击，让皮肤保持年轻状态。

没有人能统计得了女人到底会为了自己的脸蛋花多少金钱与精力，当你开始懂得并习惯保养皮肤时，就开启了一扇永无止境的美丽投资大门。

巴菲特说，开始存钱并及早投资，这是最值得养成的好习惯。抗衰老也是一样的道理，这是给自己留存的青春本钱，20年后你才会收获不老财富。

### 抗衰老全攻略

据调查，全球的十五个国家的二十多位采访美容的记者，一致认为21世纪最重要的美容趋势是抗老化，而且大多数女性自25～40岁即开始担心衰老问题，抗衰老年龄层已经逐年下降。各化妆品品牌也纷纷推出抗老化的产品。

### 20+ 初级攻略：防晒 + 保湿

年轻脸庞的两大敌人分别是缺水和自由基的破坏，想将时光凝固在皮肤最美好的时刻，做好预防措施才得以保证你娇嫩的皮肤能长治久安。

二十几岁也决定了皮肤的一生。在二十几岁这个分水岭开始做好保养，10年后你依然是少女模样！而对于二十几岁的人来说，因为细纹大多数还在潜伏，所以抗老先从防晒开始做起。

而防晒不足带来的光老化占了80%以上。也就是说，随着年龄增大而出现的皱纹，大多是年轻时缺乏防晒引起的。

## 30+ 中级攻略：眼明手快阻击第一条细纹

爱笑的眼睛最容易勾搭上讨厌的鱼尾纹。娇嫩的眼部皮肤随着年龄增长皮肤内部组织逐渐耗损，若缺乏细心呵护，鱼尾纹不费吹灰之力就能占据你防御力薄弱的眼部地区，具有抗氧化功能的眼霜是你的有力武器！

## 40+ 高级攻略：亡羊补牢，为时不晚

如果年轻时没有做好防晒和保湿也没关系，现在挽救还来得及！胶原蛋白是支持皮肤的“钢筋混凝土”，一旦流失就会形成幼纹。不想你的美容领土过早的分崩离析，现在就开始大量补充胶原蛋白，丰富的建筑“原料”才能让你的皮肤恢复弹性丰润。迅速挽救你的幼纹，将时间步伐停留在昨天的青春岁月里。

所以，我们不要等皮肤出现老化现象才开始使用抗衰老护肤品。抗衰老必须及早修护以预防自由基对皮肤造成的氧化伤害，维持皮肤的健康状态，才能让皮肤保养进一步，时间退两步。

## 3D紧致按摩术

人体面部轮廓的形态和大小决定了一个人的气质和印象，按摩可以加速皮肤血液循环、消除水肿、排除老废角质，从而提亮肤色，使皮肤可以更好地吸收护肤品的营养成分，长期坚持按摩还可以达到延缓衰老，紧致皮肤的功效。

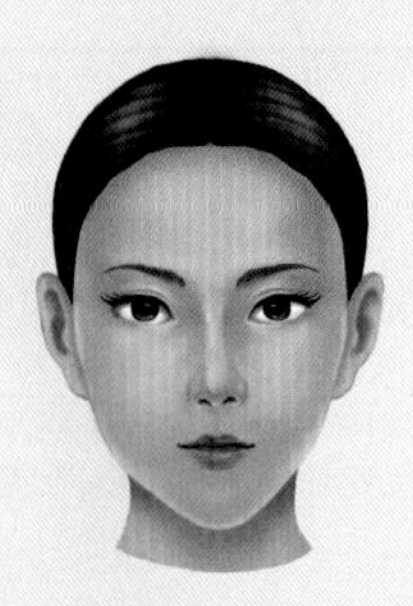

### 推刮手法紧致你的皮肤

年轻的皮肤状态是紧致、有弹性的。但是，随着年龄的增长、生活作息的不规律以及保养的不正确等因素，导致面部皮肤松弛、失去弹性。通过简单的按摩手法可以促进新陈代谢，提升面部轮廓紧致感。

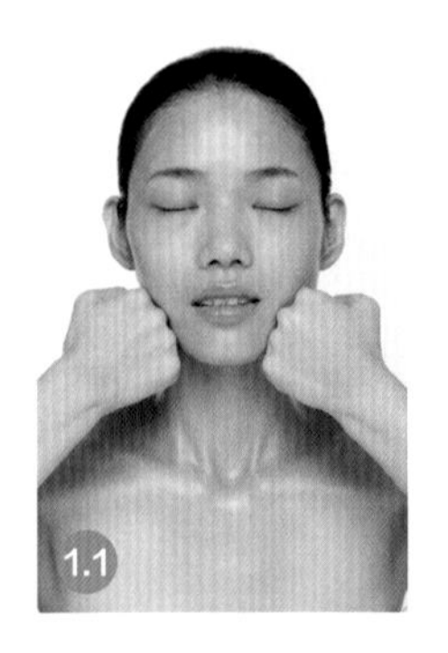
1.1

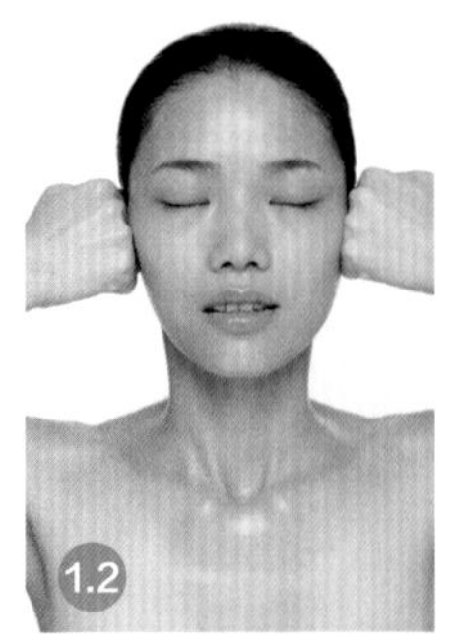
1.2

01 为了不给皮肤过度的摩擦与刺激，将按摩霜或是精华涂满整张脸。双手握拳并在指节部位涂少量按摩霜或精华，以下巴为中心，用指节部位沿面部曲线向上推刮至耳根处。按摩面部的大迎、颊车等穴位。

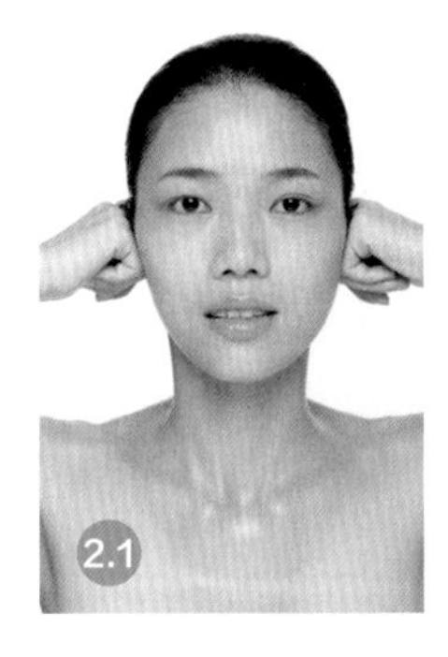

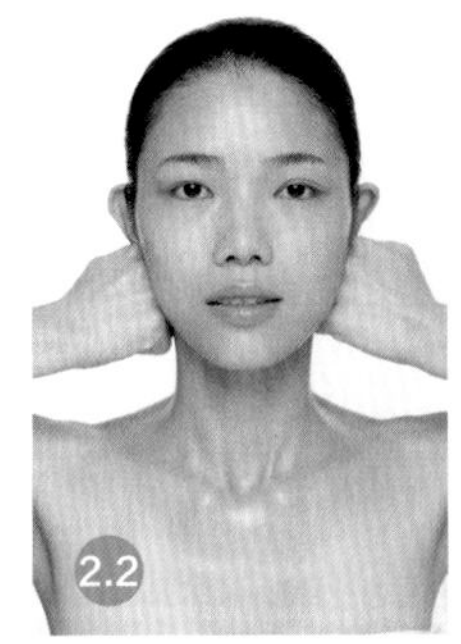

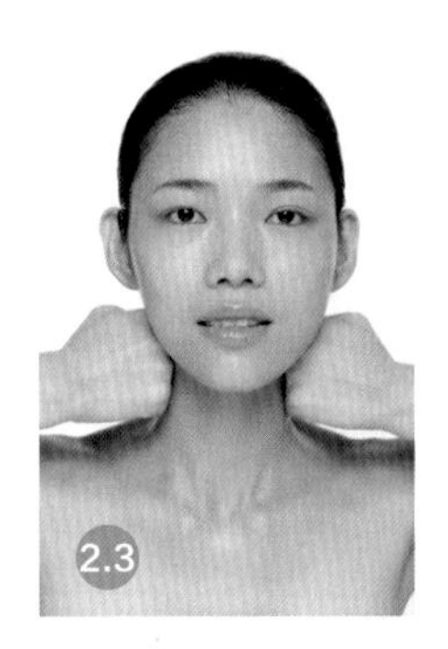


02 在耳根处轻轻地按压，转手向下，沿颈部两侧淋巴结推刮至肩胛处，这里是身体进行新陈代谢的重要路径，有非常多的淋巴结，推刮手法可以帮助淋巴疏通排毒。

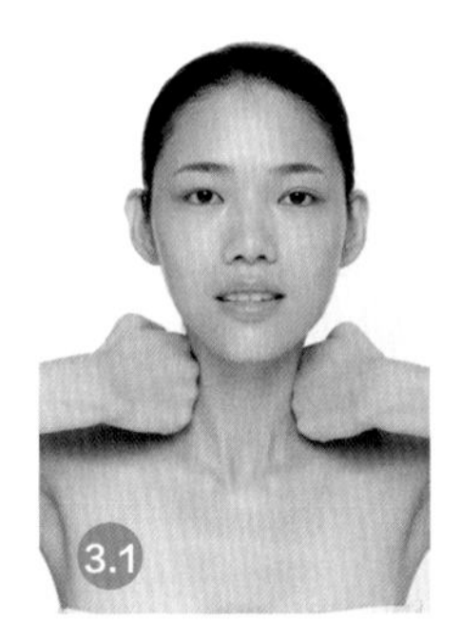

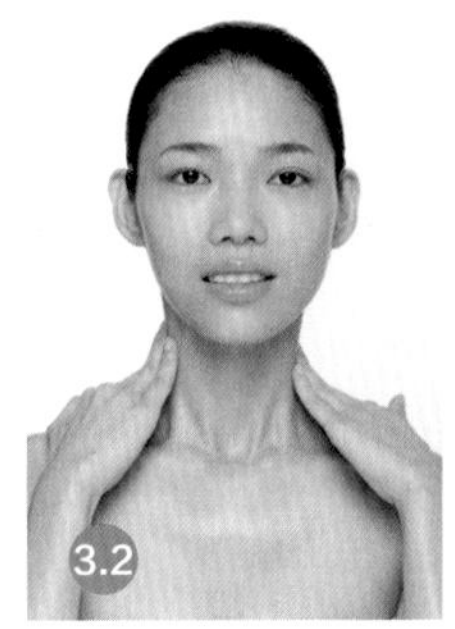

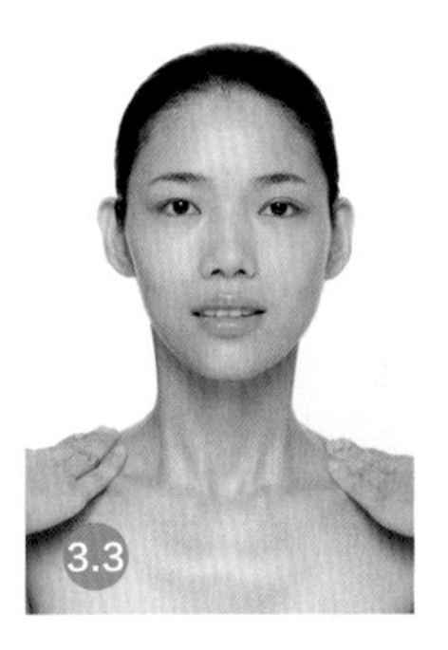


03 手掌展开，用手指按压，从正中向肩膀外侧的方向进行淋巴疏导按摩

## 消除水肿，改善肤色

水肿与暗沉主要是体内废弃物停滞不能及时排出所造成的。当我们的淋巴循环功能变差时，废弃物及毒素就会不断地在体内积聚，导致面部容易水肿暗沉。按摩能帮助淋巴液正常流动，排出毒素及废弃物，促进血液循环，加速皮肤新陈代谢，从而消除面部水肿，改善肤色。

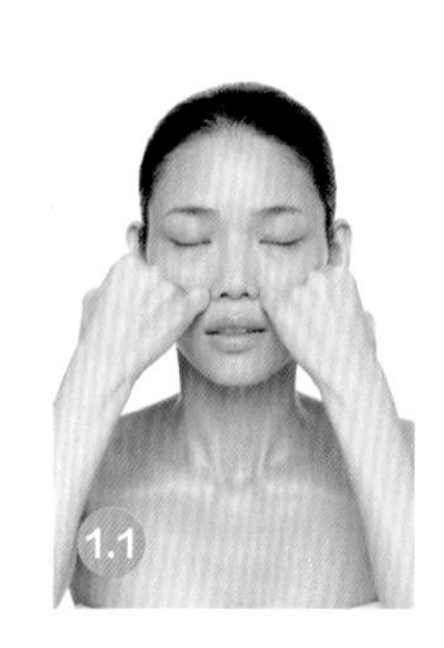


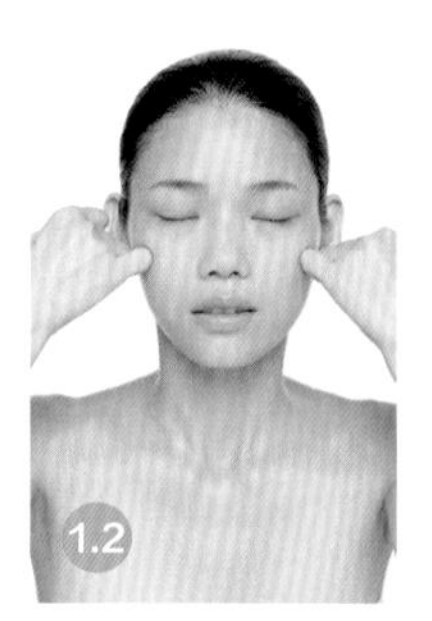


01 利用小拇指的指关节对于面部较深的穴道进行按摩。

取适量乳液或精华，置于手心加热后，涂抹于全脸，以小拇指第二关节部位，自鼻翼两侧沿着颧骨下方向外提拉推刮至太阳穴，按摩面部迎香、颧髎等穴位，能够活血化瘀、排水消肿，提拉眼周皮肤。

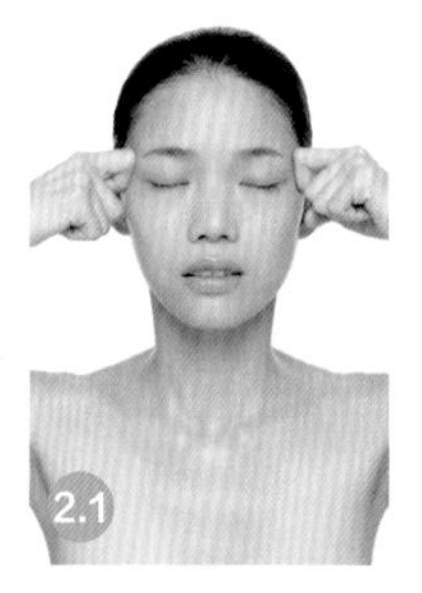


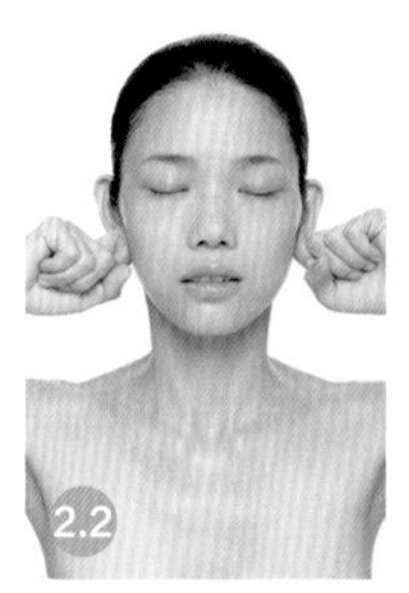


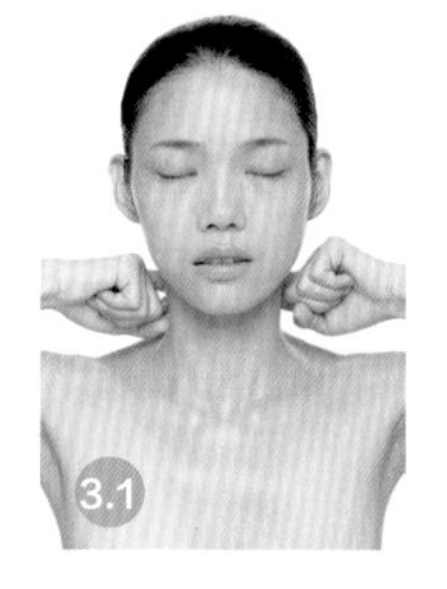


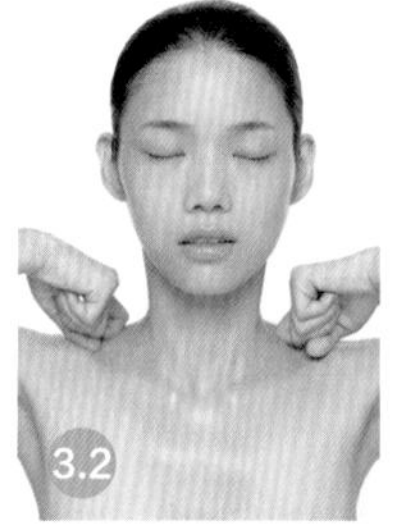


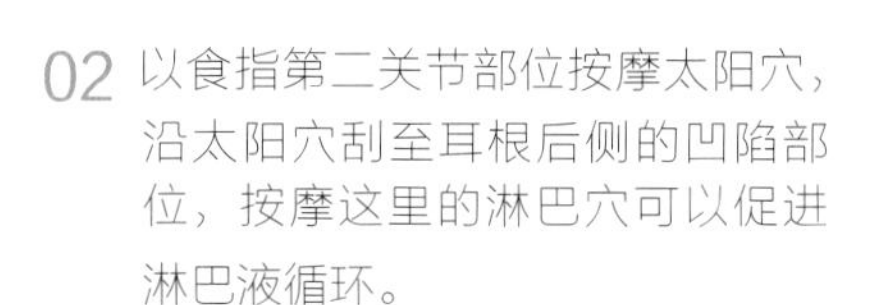

02 以食指第二关节部位按摩太阳穴，沿太阳穴刮至耳根后侧的凹陷部位，按摩这里的淋巴穴可以促进淋巴液循环。

03 以食指第二关节部位自耳根下方淋巴穴，向下推刮按摩颈部两侧至肩膀部位，此按摩方法对于疏通淋巴结、消除双下巴有很好的功效。

## 消除眼部水肿，淡化黑眼圈

睡眠不足、疲劳、化妆品残留等因素会造成松弛、细纹、黑眼圈等皮肤问题，通过眼部按摩刺激眼周穴位，促进血液循环，加速眼部排毒，可以消除眼部水肿、紧实眼周皮肤，对于长期用眼过度的电脑族而言，也有很好的提神明目功能。

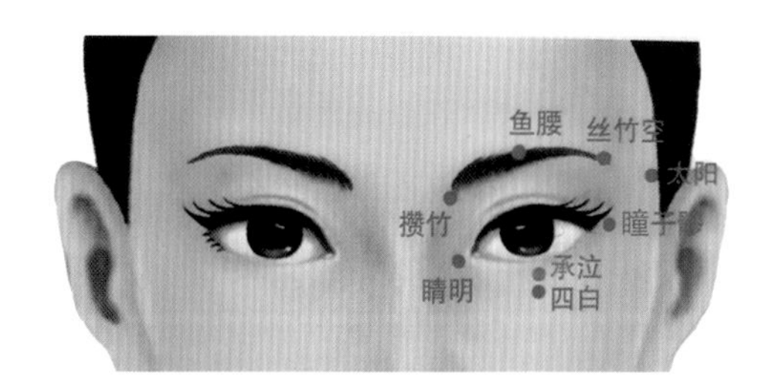


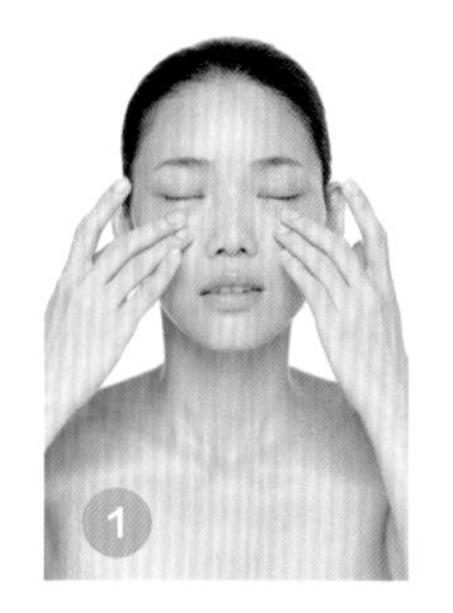


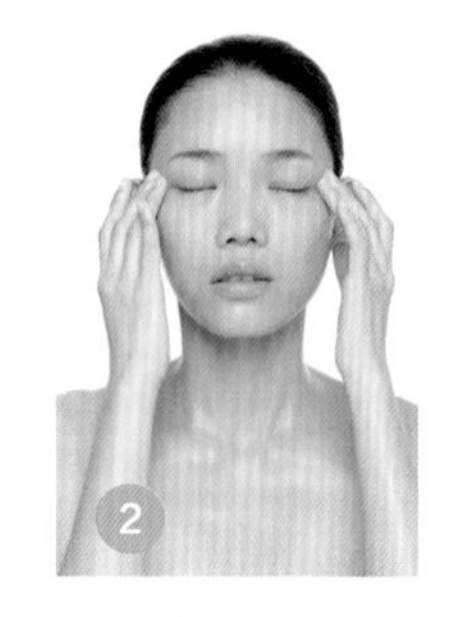


01 轻轻地闭上双眼，面部肌肉放松，用中指与无名指指腹点压按摩眼睑下方，由内眼角向外眼角移动，向上提拉至太阳穴，预防眼部脂肪堆积、消除眼袋。

02 按摩睛明→承泣→球后→瞳子髎→太阳→丝竹空等穴位，促进血液循环，消除眼部疲劳，预防眼部水肿、眼袋。

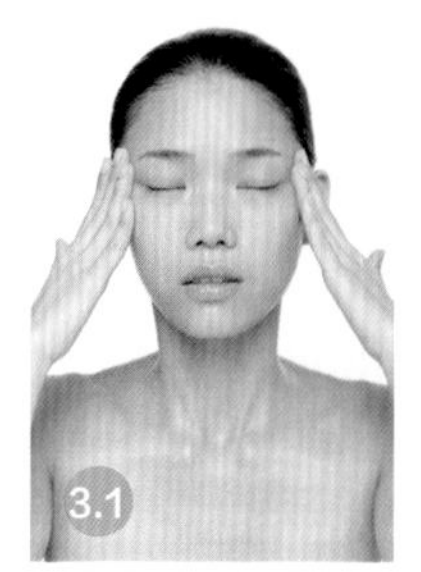


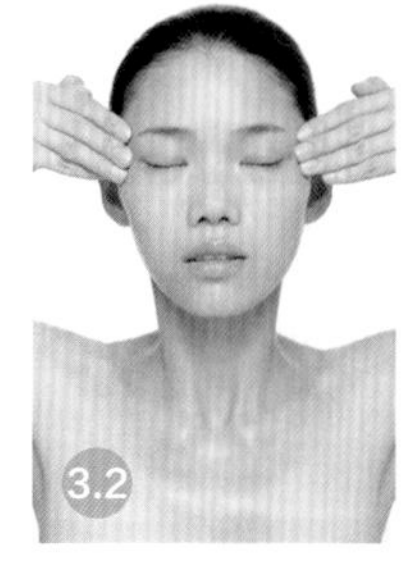

03 用手指指腹轻轻地提拉眼尾皮肤，顺势向发际线方向拉提，促进血液循环提拉眼尾皮肤，避免眼尾下垂。

04 一只手在太阳穴处向上提拉，另一只手在眼角处推展皮肤。促进眼周血液循环，淡化眼角细纹，预防黑眼圈。

## 3D紧致按摩术的注意事项

| 按摩准备工作 | |
|---|---|
| step 1 | 按摩前应该先彻底清洁皮肤，在每天早晨清洁皮肤后或睡前沐浴后进行按摩，效果更佳，尤其是每晚的临睡前，按摩之后让皮肤有足够的休养时间 |
| step 2 | 如果按摩前去角质，按摩后敷面膜促使皮肤的吸收力加强，面部保养效果会更加显著 |
| step 3 | 按摩前最好先搓热双手，在微热的手温下进行效果最佳 |

### 如何选择适宜的按摩产品

面部按摩产品主要可以润滑皮肤，避免按摩过程中的摩擦对皮肤的伤害。

按介质分类：按摩膏、按摩霜、按摩油。应选择质地清爽、易于推展，同时具有多种滋养成分的产品，使用过程中有润滑皮肤的作用。

| 按作用选择 | |
|---|---|
| 1 | 舒缓作用：适合干性皮肤，在按摩过程中可以起到舒缓作用，用后再使用化妆品可以防止皮肤缺水性干燥不适 |
| 2 | 舒筋活络的作用：有助于皮肤对营养物质的吸收 |
| 3 | 促进血液循环、排毒、加速新陈代谢、增强皮肤弹性和柔韧度的作用。此类按摩产品中具有很高的营养成分，通过按摩能够让皮肤充分吸收，达到美容养颜的最佳效果 |
| Ps | 妆前直接使用妆前乳或面部精华即可 |

### 按摩的力度控制

手法必须具备一定的力度，力度大小根据皮肤状况和耐受力而定，用力平稳不可忽轻忽重并有一定节奏感，不能时快时慢。

按摩眼部、唇部时，手法要轻柔。

按摩穴位时，应以略有酸胀感、感觉舒服、可以承受的力度为基础。

按摩面部、颈部等较敏感部位时，应采用逐渐应用刺激的按摩手法，有效地促进血液循环。

### 按摩时间和次数

按摩所需的时间和次数因个人肤质和季节而异，一般每周可以进行两次左右，每次时间为 5 ～ 20 分钟，每个动作重复 3 ～ 5 次即可。

| 按摩的禁忌 | |
|---|---|
| 1 | 敏感皮肤在非过敏期可以进行面部按摩，选择刺激性低的按摩产品以安抚、舒缓、轻力度手法按摩；时间控制在 3 ～ 5 分钟 |
| 2 | 油性皮肤，应选择清爽型按摩产品，按摩后要擦拭掉脸上多余的油分，避免对毛孔造成额外的负担 |
| 3 | 严重暗疮型皮肤、急性过敏型皮肤、晒伤型皮肤或有水疤、伤口的皮肤不适合做面部按摩，否则会加重皮肤的不良状况 |

# 全球美妆之旅，告诉你什么叫美妆

爱美之心，无人无有，
无人不对美有所留恋，无人不对美倾之向往
殊不知，适合才是真的美。

*BianMei*
*Hen JianDan*

# 扎实基础 一切都OK

## 认清自己的脸 好妆容就这样开始

化妆已经成为一种生活习惯，一种生活态度，工作中或在很多场合我们都需要化妆，即便你是化妆菜鸟，不知如何下手，也没有关系。给大家分享一些最实用的化妆技巧，即使你之前从来没有碰过化妆品，了解了这些技巧之后也能变身彩妆达人。

## 正确认识·你的脸·

虽然每天都在照镜子，但你有认真观察过你的脸型吗？你知道自己属于哪种脸型吗？你的妆容、发型、服装适合你的脸型吗？想让自己变美，先从认识五官、辨别脸型开始吧。

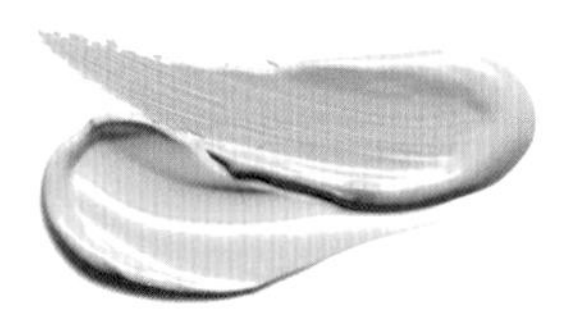

### 面部黄金比例

面部黄金比例指的是符合国际认可的黄金比例，界定了双眼、唇部、前额及下巴之间的最佳距离，也是面部美学的“三庭”“五眼”“四高”“三低”。

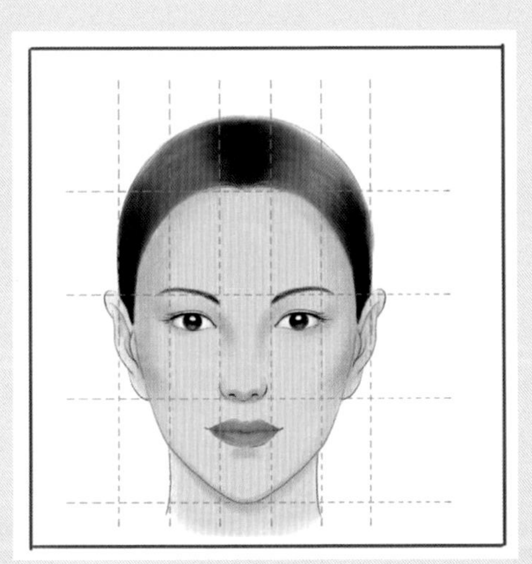

以女性为例，一张具有吸引力的脸孔，双眼瞳孔之间距离必定小于两耳之间距离的一半，这是大家公认最迷人的脸蛋。据悉，西方女性的眼睛到唇部的距离占脸长的36%，双眼距离占脸宽的46%。东方女性由于五官略为宽大，因此黄金比例应是眼睛到唇部长度比例占脸长的33%，双眼距离则占脸宽的42%。

### 三庭

指脸的长度比例，把脸的长度分为三个等分，从前额发际线至眉骨，从眉骨至鼻底，从鼻底至下颏，各占脸长的 1/3。

### 四高

第一个高点是额头，第二个高点是鼻尖，第三个高点是唇珠，第四个高点是下颏尖。

### 五眼

指脸的宽度比例，以眼型长度为单位，把脸的宽度分成五个等分，从左侧发际至右侧发际，为五只眼睛的距离。两只眼睛之间有一只眼睛的距离，两眼外侧至侧发际各为一只眼睛的距离，各占比例的 1/5。

### 三底

1. 两个眼睛之间，鼻额交界处必须是凹陷的。
2. 在唇珠的上方，人中沟凹陷，一般美丽的女性人中沟都很深，人中脊明显。
3. 下唇的下方，有一个小小的凹陷，共三个凹陷。

## 看看你是哪种脸型

### 椭圆形脸

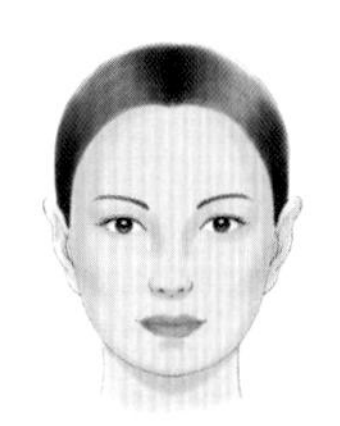

特点：标准脸型，面部宽度适中，从额部、面颊到下巴整体线条修长秀气。

脸型如倒过来的鹅蛋，鹅蛋形脸长久以来被艺术家视为最理想的脸型，也是化妆师用来矫正其他脸型化妆的依据。

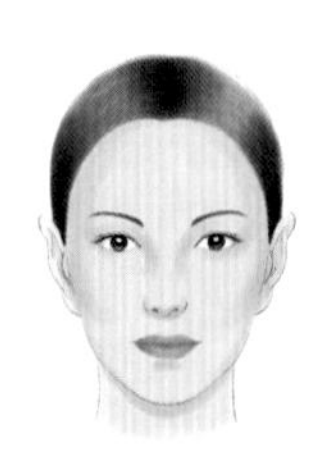

### 圆形脸

特点：从正面看，脸短颊圆，双颊比较饱满。颧骨结构不明显，外轮廓线呈现出圆形。

圆形脸给人可爱、明朗、活泼和平易近人的感觉，看上去较显年轻。

### 菱形脸

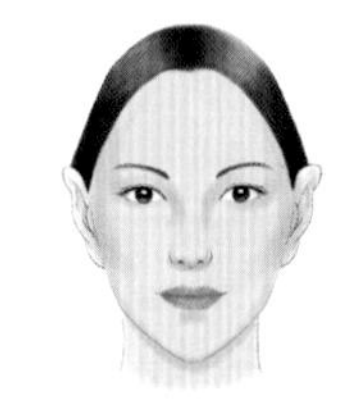

特点：额骨较窄，颧骨高，下颏尖，两腮消瘦。面部较有立体感，脸上无赘肉。

给人一种精明理智的感觉，同时也会给人冷美人的感觉，也是脸型中颇受欢迎的一种。

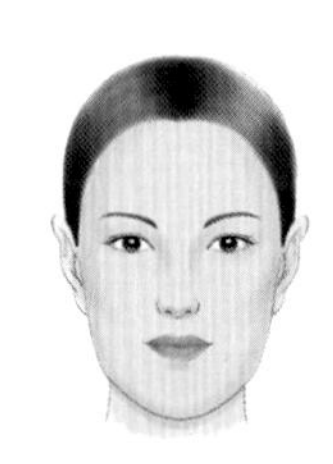

## 长方形脸

特点：面部轮廓有直线感，颌骨有明显棱角，面部较长，面颊线条较直，额部凸出，棱角分明。

给人庄重文静的感觉，看起来比实际年龄偏大，直线条感比较强，是当今时尚个性脸型的一种。

## 方形脸

特点：面部轮廓有直线感，颌骨有明显棱角，面部的宽度和长度接近，下颌凸出并方正，线条平直、有力。

给人坚毅、刚强、生机勃勃富有朝气的感觉，美中不足则是会缺少女人味，但在当下，直线条的面部轮廓备受欢迎，能够展现出当今女性率直坚强的个性。

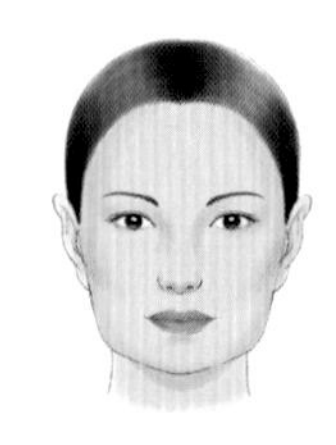

## 倒三角形脸

特点：额头宽阔，下颌线呈瘦削状，下巴既窄又尖，发际线大都呈水平状，且有些人在额头发际处会有所谓的“美人尖”。

此脸型俗称“瓜子脸”，也是广受当今女性喜欢的一种上镜脸，同时会给人一种古灵精怪的感觉，俏丽秀气。

## 正三角形脸

特点：两腮较丰满，额头偏窄，整体脸型成梨形。

给人一种稳重、富态、威严庄重的感觉，亲切并有安全感。

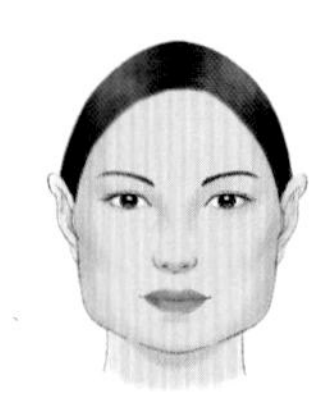

## 3D 微整立体底妆

**·打造水润小 V 脸，从此告别美颜相机·**

底妆是一切妆容的基础。精致、持久、完美的底妆对于美丽起着至关重要的作用，一直都是彩妆达人们最本质和最挑剔的追求。赋予底妆的更多要求，不单单是调整肤色、遮盖瑕疵、润泽皮肤，还需要通过手法修饰面部轮廓，打造立体饱满轮廓精致的小脸，这也是 3D 微整立体底妆的秘诀所在。

### 底妆产品常识大扫盲

#### 妆前乳

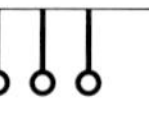

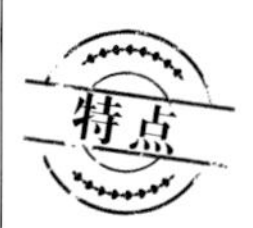


修饰皮肤 + 提升皮肤上妆效果

所有皮肤

妆前乳是护肤的最后一步，在化妆前使用，介于护肤品与化妆品之间的乳液或霜，为皮肤提供水分，保持皮肤的水润度，调理皮肤的纹理及肤色，让后续的彩妆更易上妆、更服帖。

#### 隔离

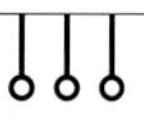

隔离防晒 + 修饰肤色

隔离是彩妆的第一步，也是护肤保养的重要步骤。隔离具有防晒、抗氧化、美白、调整肤色的作用，隔离可以减轻彩妆品以及外界环境污染对皮肤的伤害。

隔离霜的颜色有紫色、绿色、白色、蓝色、金色、近肤色，不同颜色的隔离霜有着不同的修饰效果。

**√ 紫色隔离**

适合普通皮肤或偏黄皮肤，在色彩学中，紫色的对比色是黄色，因此紫色最具有中和黄色的作用。

**√ 金色隔离**

适合肤色较黑，想打造麦色健康皮肤的人使用，可以打造健康，充满活力的巧克力肤色妆效。

**√ 绿色隔离**

适合偏红皮肤或是有痘痕的皮肤。绿色隔离可以有效地遮盖红斑、痘痕，使皮肤呈现亮白效果。

**√ 肤色隔离**

适合肤色正常、红润，需要补水防燥的皮肤，肤色隔离不具调色功能，但具高度的滋润效果。

**√ 白色隔离**

适合黝黑、晦暗、色素不均皮肤，白色隔离可以使皮肤的明度增加，使用后会令皮肤看起来干净而有光泽度。

**√ 蓝色隔离**

适合泛白、缺乏血色、没有光泽度的皮肤。蓝色隔离可以很自然地修饰泛白皮肤，将肤色调整到健康的效果。

## BB 霜

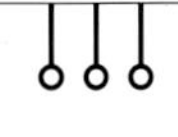

基础隔离防晒 + 润色遮瑕

粗大毛孔、皮肤粗糙，追求持久遮瑕效果的人群

BB 霜有遮瑕、调整肤色、防晒、细致毛孔的作用，妆感轻薄匀净，能够打造出裸妆效果。

## CC 霜

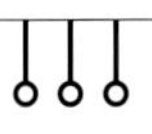

校正 + 提亮肤色

肤质瑕疵较少、需要润色修颜的女性

CC 霜具有肤色修正、修饰毛孔粗大、隔离、美白、防晒等功效。质地滋润，有提亮肤色的效果。

## 粉底

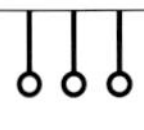

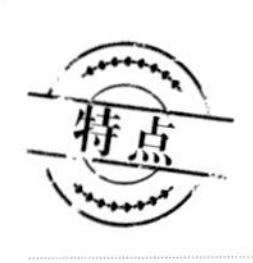


调整肤色 + 遮盖瑕疵

肤质瑕疵较多、需要强力遮瑕人群

粉底的主要作用是均匀肤色、调整皮肤颜色，体现皮肤质感。遮瑕能力强，可以有效地遮盖痘印、色斑等瑕疵，让皮肤看起来更健康自然。

## 遮瑕膏

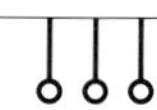

遮盖瑕疵 + 贴合不易脱妆

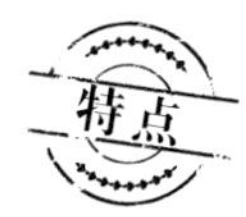

肤质瑕疵较多、需要遮瑕的人群

遮瑕膏相对普通粉底具有更强的遮盖力，更贴合皮肤，妆容更持久。液状和条状的遮瑕膏遮盖效果较佳，需要熟练的上妆技术。膏状遮瑕膏的遮盖力相对较低，但是因为质地清爽，反而容易创造出自然的妆容。遮瑕膏可以有效地遮盖黑眼圈、红色粉刺印、雀斑、色斑等。除此之外，遮瑕膏还可以提亮眼周，打造面部轮廓立体感。

## 蜜粉

防止脱妆 + 调整肤色

一般人群，尤其适用易脱妆、皮肤暗淡的人群

保持皮肤透明感，是妆容自然的秘密武器。细密、轻薄的质地能令皮肤透明有光泽，还具有增加粉底附着力的作用，防止皮肤因为油脂和汗液分泌而引起脱妆现象，可使妆容持久透明。少即是好，为避免量过多，用刷子蘸少量在额头、鼻子和有油光的地方轻扫，然后换大刷子使其均匀并扫落多余散粉，最后再用干净的粉扑轻按几下。

## 常见底色的色调

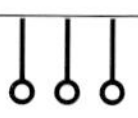

### √ 基础底色

基础底色起统一皮肤色调的作用，它使皮肤外观具有透明度及光泽感。

### √ 高光色

高光色浅于底色，具有开阔、突出的作用。应用在鼻梁、下眼睑、前额、下颌等需要提亮的部位。

### √ 暗影色

暗影色具有收紧、凹陷的作用。暗影色一般比基础底色暗三到四度，可根据肤色的深浅、妆面的浓淡程度来选择。

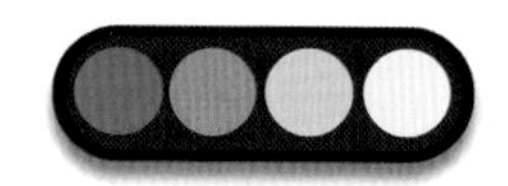

## 不同脸形的立体底妆修饰

### 椭圆形脸

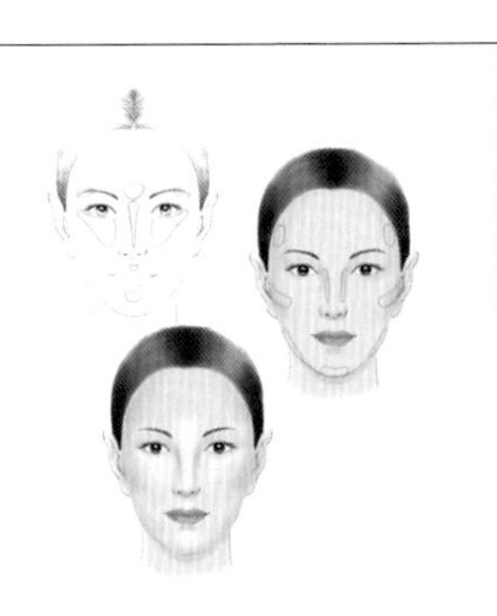

√ 底妆修饰

椭圆形脸的人一般五官立体感强，轮廓流畅清晰秀丽，宽窄适宜，所以我们可以根据风格来化妆，面部轮廓不用过度修饰。

### 圆形脸

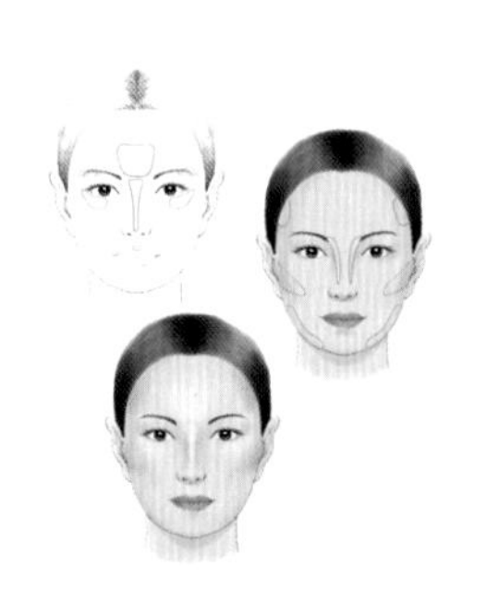

√ 底妆修饰

用暗影色在两颊及下颌角等部位晕染，消减脸的宽度，用高光色在额骨、眉骨、鼻骨、颧骨上缘和下颌等部位提亮，加长脸的长度并增强面部的立体感。拉长鼻形，高光色从额骨延长至鼻尖，必要时可加鼻影，由眉头延长至鼻尖两侧，增强鼻部立体感。

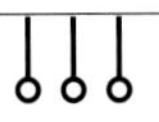

### 长形脸

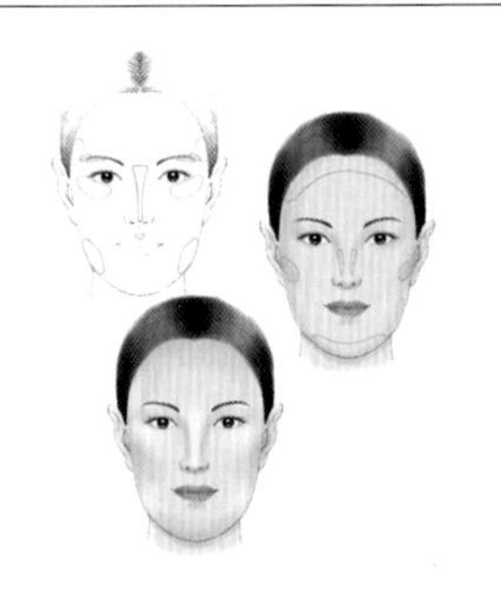

√ 底妆修饰

用高光色提亮眉骨、颧骨上方，鼻部用高光色加宽但不延长，增强面部立体感。暗影色用于额头发际线下和下颌处，注意衔接自然，这样在视觉上可使脸的长度缩短一些。

## 方形脸

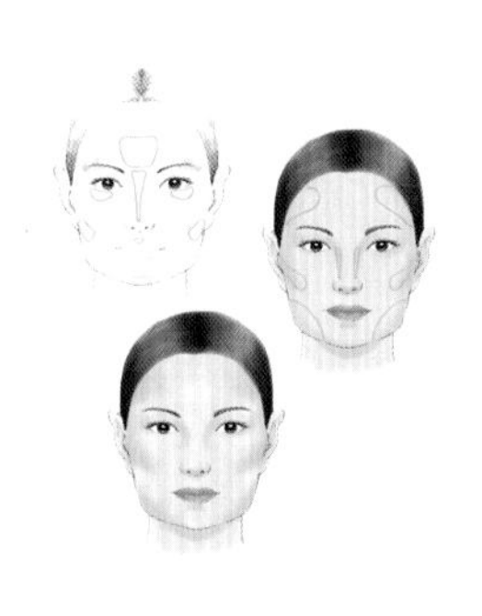

√ 底妆修饰

利用阴影色削弱宽大的两腮及额头，使面部柔和圆润。选用浅色涂于面部的内轮廓，用高光色提亮额中部、颧骨上方、鼻骨及下颔部，使面部的中间突出。深色用于外轮廓，使用暗影色涂于额角、两腮及下颌角两侧，使面部看起来圆润柔和。也可借助刘海儿和发带遮盖额头棱角。

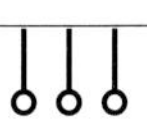

## 倒三角形脸

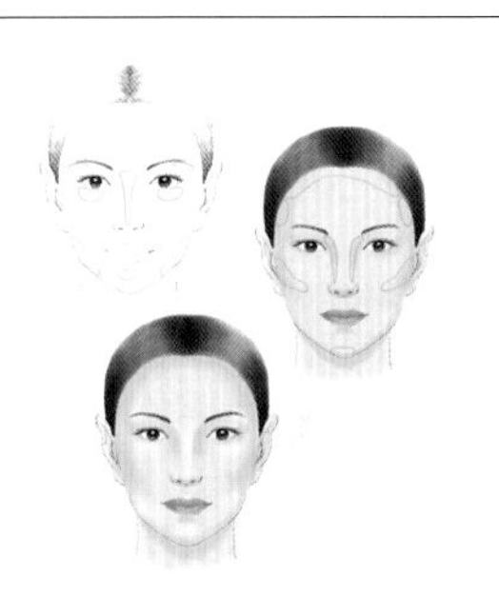

√ 底妆修饰

用高光色提亮面颊两侧，使两颊看起来丰满些，用阴影色晕染额角及颧骨两侧，使脸的上半部收缩一些，注意粉底自然过渡。

## 三角形脸

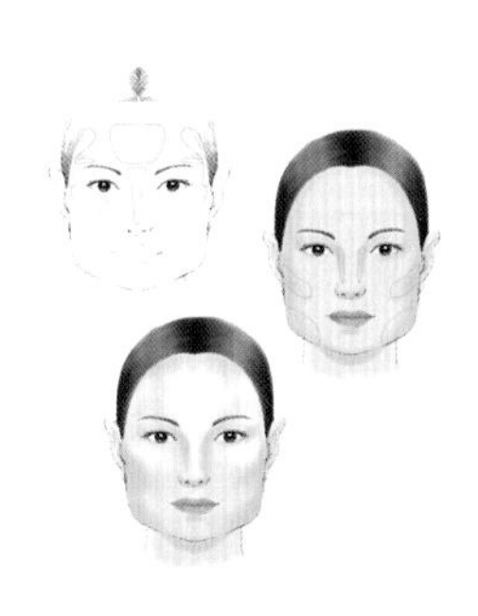

√ 底妆修饰

可于化妆前开发际，除去一些发际边缘的毛发，使额头变宽，用高光色提亮额头眉骨、颧骨上方、太阳穴、鼻梁等处，使脸的上半部明亮、突出、有立体感。用暗影色修饰两腮和下颌骨处，收缩脸下半部的宽度。

## 3D 水润底妆

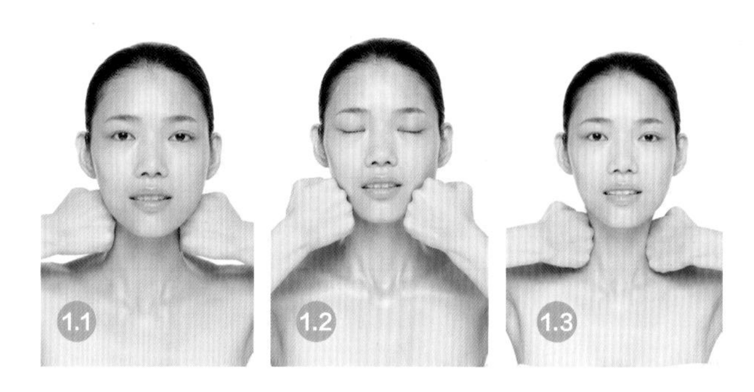

01 妆前按摩调整皮肤状态，双手握拳并在指节部位涂少量按摩霜或精华，以下巴为中心，用指节部位沿面部曲线向上推刮至耳根处。按摩面部的大迎、颊车等穴位。在耳根处轻轻按压，转手向下，沿颈部两侧淋巴结推刮至肩胛处，这里是身体进行新陈代谢的重要路径，有非常多的淋巴结，推刮手法可以帮助淋巴疏通排毒。

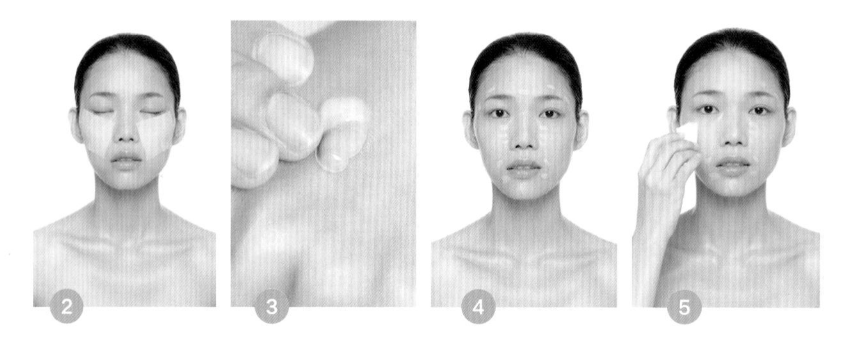

02 化妆棉在眼睛下方三角区域着重补水。

03 取水润乳液与粉底液涂抹在手背上，以手背做调色板，用手指的温度进行均匀搅拌。醒过的粉底可以使妆效更加均匀透亮。

04 参照图片粉底点的区域，把调好的粉底液点在脸上的各个部位。

05 使用海绵扑、粉底刷或者指腹从眼部下方的面颊开始，由内向外放射性涂抹。

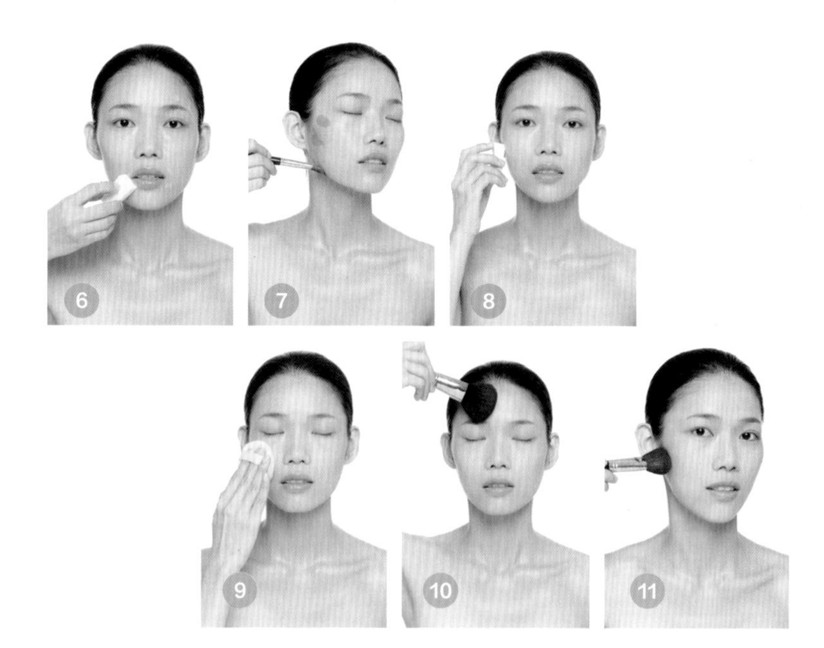

06 用粉扑在脸上按照由上向下、由内至外的顺序拍打，不要一次性涂得太多太厚，要薄薄的，分多次涂抹，这样才能达到不脱妆以及完美遮瑕的效果，T 区、眼睛下方三角区要加一点遮瑕提亮，会使皮肤更显年轻质感，重点要针对面颊上肤色不匀的嘴角、鼻翼处进行着重涂抹。

07 如图，将深色粉底涂抹在颧骨、面部中间凹陷处、下颌骨底部。

08 用海绵扑由外至内，在耳际前由上往下一字形将深色粉底涂抹开，在面部的外围部分塑造出阴影效果可以使脸型显得更加紧致，范围不可超过眼尾延长线的位置，重点要将深色粉底与之前涂的粉底融合，不能出现明显的分界线。下颌骨位置的深色粉底也要慢慢由外至内轻轻晕开。这样可以收缩脸型，增加面部立体感。

09 用粉扑蘸取少量蜜粉，从大面积的面颊部分开始按压定妆，重点放在面部的内轮廓位置，尤其是眼周、鼻翼两侧等油脂分泌旺盛的部位，蜜粉质地要轻薄。

10 用大号的散粉刷在脸上轻轻扫过，定妆的同时扫掉多余的蜜粉，呈现出更完美的皮肤质感。

11 下颌骨底部涂过粉底的部位也要记得用蜜粉定妆。

## 3D 立体妆 ·打造立体眉形·

没有任何东西比眉毛更能改变一个人的脸。眉毛，看似是化妆中最简单的一环，而这份简单却蕴藏着巨大的影响力，它能掌控脸型轮廓和明眸的电力神采。

眉妆的最高境界并非合乎时宜，也不在于衬托眼睛、弥补脸形的缺憾，其最高境界在于表情达意。眉毛可以强调气场，可以凸显美丽个性，可以隐藏妩媚，也可以展现另类性感的魅力。

人们常说，眼睛是心灵的窗口，那么我们可以把眉毛看成是窗帘；眼睛是人生的一幅画，那眉毛就是画框。一幅再精美的画作，如果没有画框的相衬，也会显得暗淡无光。

### 眉毛的结构

**眉头：眉毛的起始部位，稀疏、向上生长、色轻且虚**

最能反映眉形的精气神，同时所占眉毛的比例也最重，眉头的最佳比例是应与鼻翼和眼头在一条直线上。

**眉体：眉头到眉峰之间，浓密、向上斜长、色重实**

眉体位于眼白至瞳孔边缘的垂直延长线所形成的区域，修眉或描眉时顺其自然的弧度即可，不需要过多的修饰。

**眉峰：眉毛最高点，在眉毛眉头的三分之二处，色深重实**

眉峰的弯度能反映眉毛前眼角的柔和度，而高低则能与个人气场形成正比。眉峰的最佳比例是与鼻翼和眼球在同一直线上。

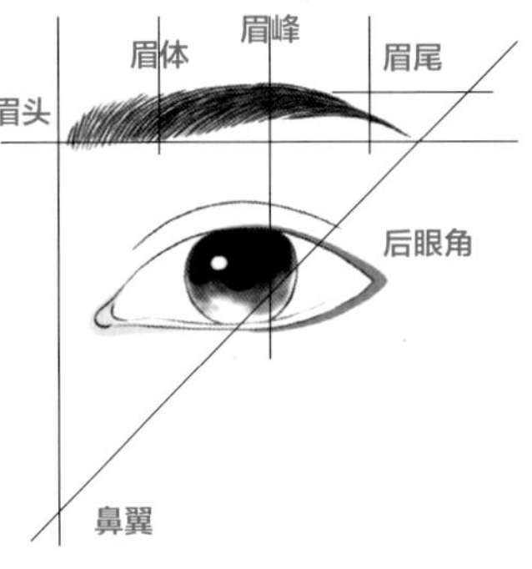


**眉尾：眉毛的尾端，稀疏向下斜长、色轻且虚**

眉尾的长短对脸型轮廓有很好的调整作用，它能决定上半部分的脸形和面颊的大小，如果眉毛太短，就会给人脸大的感觉。通常眉尾的最佳点是与鼻翼和眼尾在一条直线上。

## 各种眉形的特点

长在眼睛上方的眉毛，在面部占有重要的位置，具有美妆和突显表情的作用，能丰富人的面部表情。双眉的舒展、收拢、扬起、下垂可反映出人的喜、怒、哀、乐等复杂的内心活动，还可以调整脸型，调整眉与眼间的距离。

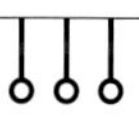

### 标准眉

也叫自然眉形，眉头至眉尾在同一水平线上，眉峰处在眉头至眉尾的2/3处，眉峰颜色最重，眉尾次之，眉头最淡，这种眉形自然、大方，适合东方人，基本上适合各种脸型。

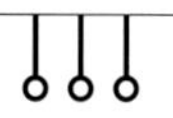

### 平直眉

平直、短粗，眉头、眉体、眉尾基本处于同一水平线上，在视觉上有强烈的横向效果，可使长脸显得短、窄额头显得宽些。这种眉形给人平和、纯朴可爱之感。

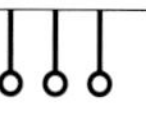

### 上扬眉

眉尾高于眉头，整条眉毛呈上扬角度，眉峰的弧度不大，上挑拉长。上扬眉给人精神、时尚的感觉，但是过高会显得冷漠、严厉。

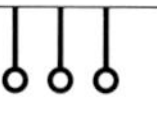

### 弧形眉

从眉头到眉体，眉体到眉峰，眉峰到眉尾都呈现圆弧状，给人温柔、婉约之感，显得女人味十足。

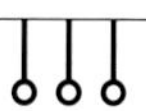

### 下垂眉

眉尾低于眉头，给人犹豫、苦恼的感觉。

## 不同脸型与眉形的搭配

### 三角形脸

适合较长眉形，不适合有角度的眉形。眉形要显大方，小气的眉形会更加强调下半部宽大的分量，眉毛不能太粗，眉间距适中就好。按照标准眉形，在眉毛 2/3 处起眉峰，眉头略粗。

### 圆形脸

平眉，会使面部显得更人更短；下垂眉，会使面部略显短圆，因此选择上扬眉形，可以使面部相应拉长破开脸型。眉毛可以画出眉峰来，眉峰假如在眉中的话，会使眉形显得太弯，脸会更圆，所以眉峰的位置要略靠近眉尾，眉峰形状要有型但不要太锐利，这样会和脸型差别太大，画出的眉形略有上扬感即可。两眉间距可以近一些，眉体不应太长。

### 倒三角形脸

适合略短的水平眉，这样可以使额头显得窄一些，缩短脸的长度。不适合有角度的调整型的眉形，下垂的眉形或弧形过弯过大的眉形也不适合。下垂的眉形会使额头显得更长，弧形过弯过大的眉形则会突出狭窄的额头。所以倒三角形脸的眉形要有一些曲线感，可以画得细一些，眉间距不能太宽。在 1/2 处起眉峰，细一些，长度适中，眉峰要圆润。

### 长形脸

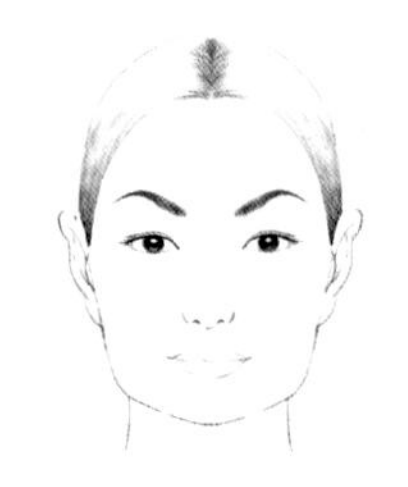

长形脸适合平眉，两条横亘在面部的线条，将长脸的格局分成两个部分，起到修饰作用，将脸形向圆润的方向扭转。平直短粗的眉形，可以使脸形在视觉上缩短。

## 方形脸

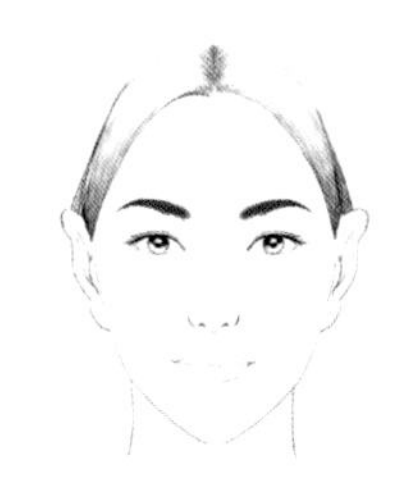

方形脸面部棱角太过分明，适合略带有弧度的上扬眉形，在眉毛 1/2 处起眉峰，眉峰圆润，眉头略粗，两眉间距不要太近。

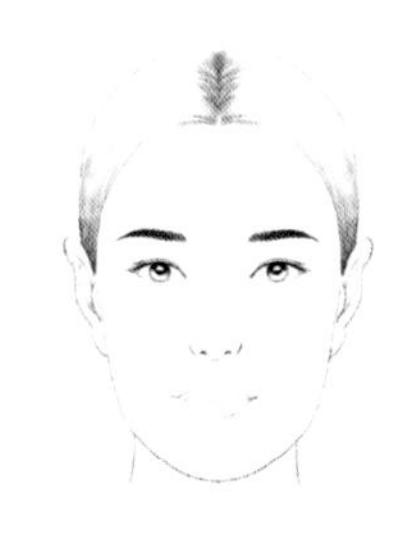

## 菱形脸

适合长眉形，眉形应该显得轻松自然，两眉间距可以略宽，眉头抬平颜色要轻，眉尾高翘而细，切勿眉头低粗。在眉毛 1/2 加 0.5cm 处起眉峰，眉峰的角度最好呈明显的三角形。

# 打造 3D 立体眉形

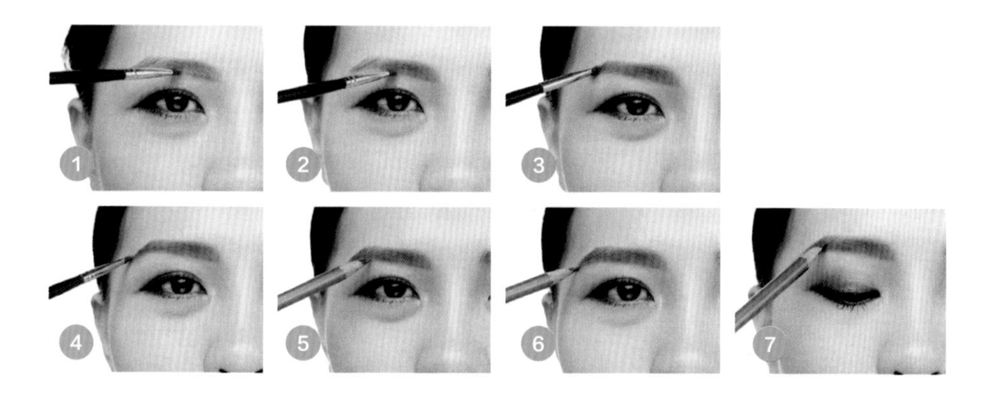


01 首先当然要勾勒出眉毛轮廓，使用棕色眉粉，先用眉粉在眉头的位置确定位置，轻轻描绘出眉毛的底线，描绘眉底线可以帮助我们掌握描绘范围。

02 从眉头到眉峰，慢慢填补稀疏的空缺位置，使眉毛看起来更加均匀，注意眉头到眉峰下缘线条要略粗哦！

03 画出眉头后，用眉刷描绘出眉峰到眉尾位置的弧度，不需要太弯，保持微微的弧线，顺畅弯曲，营造出自然柔和的眉形。

04 眉刷重新蘸取眉粉略重一点地拉出眉尾，确定好整条眉毛的长度。

05 眉笔描绘眉形，再以灰色眉笔从眉峰至眉尾描绘一次眉形，只需轻轻画过营造眉形轮廓即可。

06 用眉笔把眉毛残缺部位顺着眉的生长方向一根一根地描画；增添眉毛的立体感。

07 完成。

## 打开眼界 ·晋升眼妆达人·

很多女生学习各种眼妆技巧，那些画法真的适合你吗？遇到单眼皮、内双眼、下垂水肿眼，这种不完美眼型到底应该怎么画？想找到最适合你的眼妆，认清自己的眼睛类型非常重要。只有了解自己的眼型才能找到最适合自己的眼影颜色，画出最适合的眼线，才能晋升为眼妆达人。

**a: 眉下 高光区域**

位于眼窝与眉毛之间的部位，加入高光亮色眼影，能衬托出亮泽眼妆。

**b: 眼窝 浅色区域**

上眼睑眼球所在的凹陷部位，晕染浅色的眼影打底。

**d: 眼角 高光区域**

连接上、下眼角，且最靠近鼻部的位置，添加局部高光使眼部看上去更加润泽、通透。

**e: 下眼角 高光区域**

在下眼睑靠近眼角的部位，加入高光提亮，衬托出明亮的大眼睛。

**f: 眼下 自然色区域**

下眼睑的睫毛下缘，用深、浅色自然晕染，强调眼部深邃感。

**c: 眼皮 深色区域**

睁眼时在上眼睑形成的褶皱区域，涂抹的眼影色最深，强调眼部轮廓。

## 眼影的画法

01 使用接近肤色的淡金色眼影，用眼影刷晕染在眼窝部分，范围不要超过眼窝凹陷处。

02 再用咖啡色眼影在眼窝凹陷处反复晕染，眼尾部分加重。

03 沿睫毛根部画眼线，增加眼部的立体效果，强化眼部的神采。

04 在下眼睑利用亚光深咖色过渡，作为上下呼应，增加眼睛的亮度，为了使眼睛更为亮丽，选择偏干的睫毛膏，将睫毛刷出一根一根的效果，增加眼部的张力和美感。

## **东方人眼型**缺点

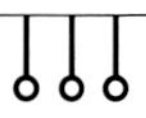

从美学角度来说，东方人眼线长度不够。西方人的眼线长度一般都在 32 毫米以上，而东方人却只有 22 ~ 26 毫米。

### √ 眼睑拉不开

黑眼珠外露比例小，导致缺乏神韵。

### √ 眉毛和眼睛距离太远

西方人大多数为大而平行的多层双眼皮，双眼皮位于眉毛和眼睛之间，而东方人多数是广尾形的小双或隐双，眉毛太高，不是很有立体感。

### √ 眼睛高度不够

西方人眼睛高度一般在 12 毫米左右，而东方人一般在 6 ~ 7 毫米，这使得双眼皮发生的概率在西方几乎是 100%，而在东方却不足 50%。

### √ 内眦距太宽

从美学上讲，两内眦间有一只眼的距离是美的，但东方人绝大多数内眦距有一只半眼，内眦距过宽使鼻根显得平坦，形成呆板面容。

### √ 蒙古褶的原因

很多人因为蒙古褶（即内眦赘皮，指遮盖内眼角垂直的半月形皮肤皱褶）的原因，显得眼部肌肉臃肿，总像睡眼惺忪的样子。

这五种缺点，在每个东方人的眼睛上都会或多或少地存在。如果有的人这五种缺陷都有，那么，只有对眼睛进行重塑，针对不同的问题做不同的调整，才能做出一双大而有神、富有表情的明眸。

# 根据眼型画眼影

## **标准**眼形

### √ 眼影特点

标准眼型应该是一个圆润的平行四边形，像是一颗饱满的橄榄，内眼角和外眼角两点之间的连线应该趋于水平。但东方人视标准眼形为杏眼，眼睛位于标准位置上，睑裂宽度比例适当，较丹凤眼宽，眦角较钝圆，黑眼珠及眼白露出较多，显英俊俏丽。

### √ 眼影修饰

明显的双眼皮是一种发挥空间很大的眼型，也是大多数人都羡慕的眼型，基本上所有的画法都可以放心尝试。但要注意的是我们亚洲女性眼窝并不深，所以在晕染眼影的时候到眼褶上方一点即可，不然会看起来很怪异。

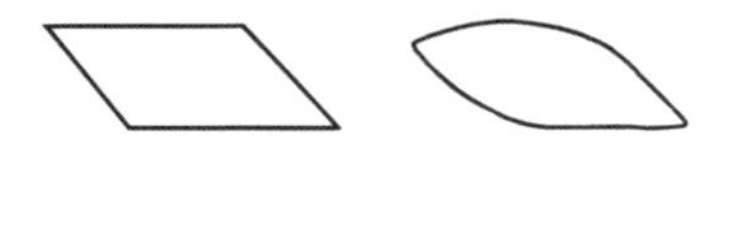

## **单眼**皮

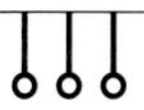

### √ 眼影特点

单眼皮眼型上眼睑皮肤紧致，表面平坦，眉骨不突出，缺乏立体感，眼睑几乎没有什么褶皱。给人以两眼无神的感觉。

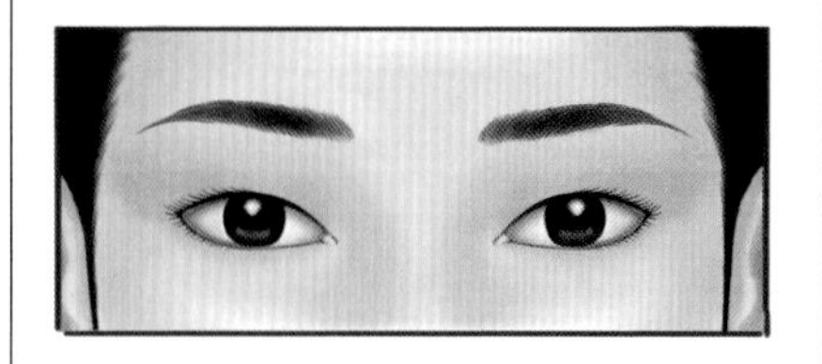

### √ 眼影修饰

在上下眼睑的边缘画上略粗的眼线，加宽眼睑边缘的宽度，紧贴眼线的部位使用深色眼影，以渐层的方式涂抹，加强眼窝及眼线的深邃度，可以加深眼部轮廓。

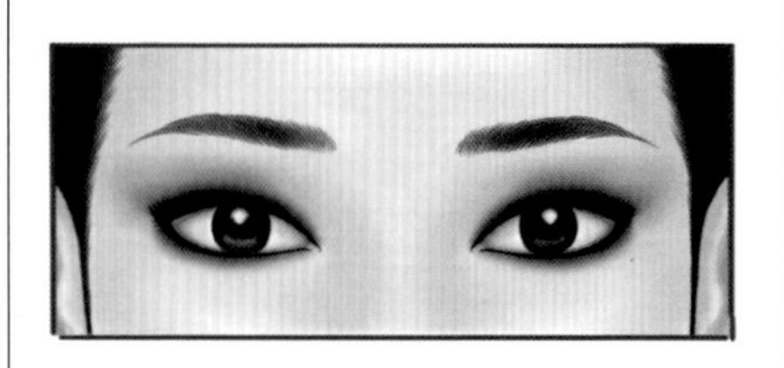

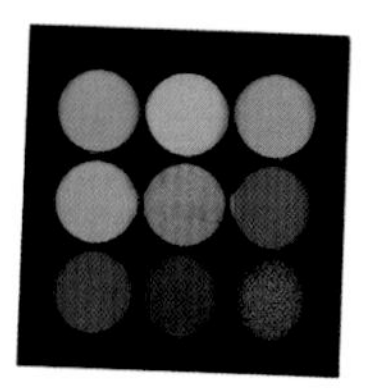

## 细长眼

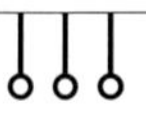

### √ 眼影特点

又称长眼，上睑裂呈现出半月状，睑缘弧度小，眼裂较长，睑裂细小，黑眼珠及眼白露出相对较少。给人无神感，往往显得没有精神。

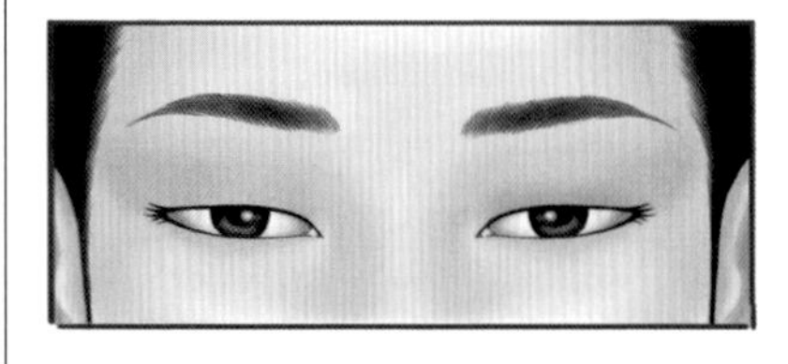

### √ 眼影修饰

细长眼打造好了是很有魅惑力摄人心魄的眼型。眼线是打造细长眼时的重点，用眼线将睑裂放宽，使用深色眼影，从上眼睑边缘开始慢慢向眉毛处过渡，并将眼尾线条连接至下眼线 1/3 处，加强轮廓强调细长眼形的魅惑力。

## 圆眼形

### √ 眼影特点

圆形眼上睑裂呈明显的圆弧形，睑裂痕宽，黑眼珠、眼白露出多，使眼睛显得圆大。给人以清纯、活泼、机灵之感。

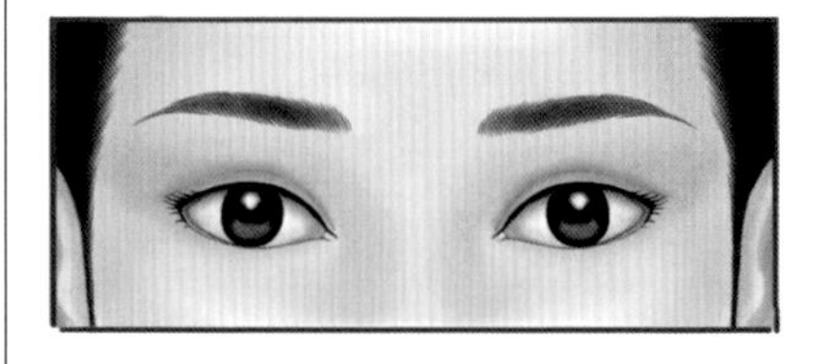

### √ 眼影修饰

运用眼影横向晕染法拉长眼型，在眼头和中间部位涂上明色眼影，而眼尾处运用深色的眼影可以使眼睛显得细长。

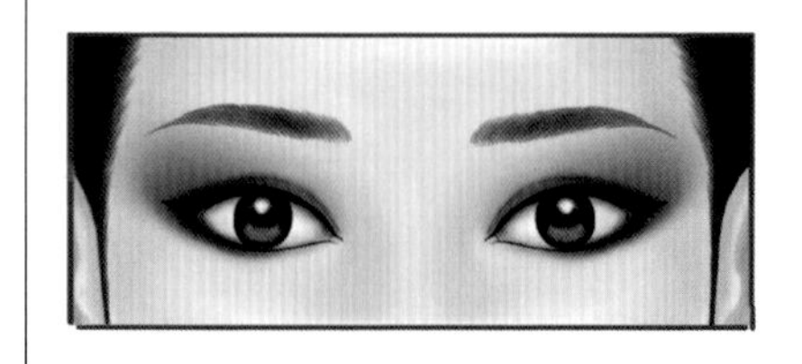

## 上扬眼

**√ 眼影特点**

也称吊眼、丹凤眼，内眼角低，外眼角高，使眼尾上扬。给人以机敏、锐利之感，但略显冷漠、严厉之感。

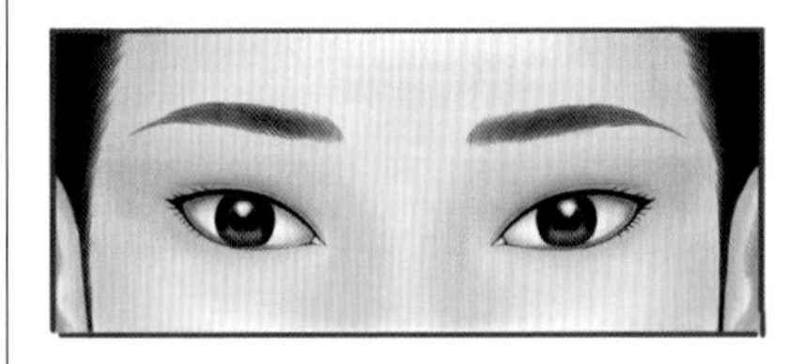

**√ 眼影修饰**

让眼部线条变得柔和，选择颜色柔和的暖色系眼影横向晕染，加重内眼角上方的眼影，至外眼角处向下晕染，用浅亮色提亮下眼睑内眼角，以减弱眼睛的上扬感。

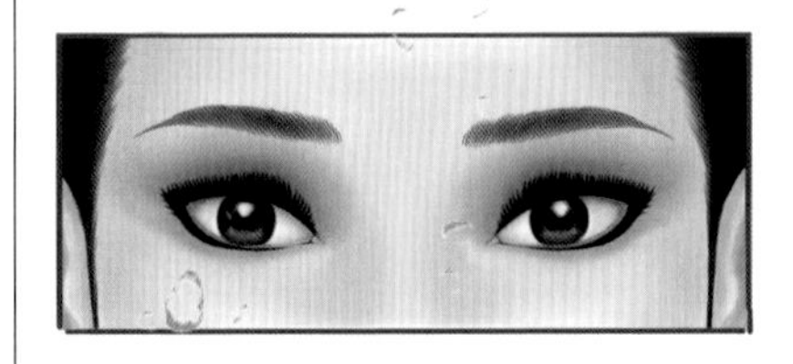

## 下垂眼

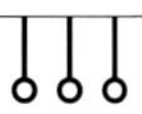

**√ 眼影特点**

也称下斜眼，外形特征与上扬眼相反，内眼角高于外眼角，眼轴线向下倾斜，形成了外眼角下斜的眼型。双侧观看呈“八”字形。给人以阴郁、衰老、缺乏活力之感。

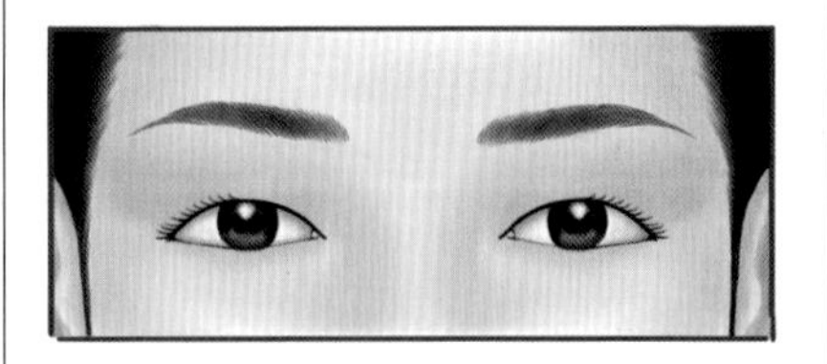

**√ 眼影修饰**

上扬眼尾以矫正眼型。使用浅色眼影在内眼角向眼尾晕染，面积不宜太大，随着接近眼尾处，眼影颜色可加深并且逐步上扬。在下眼睑下垂处用提亮色眼影提亮。

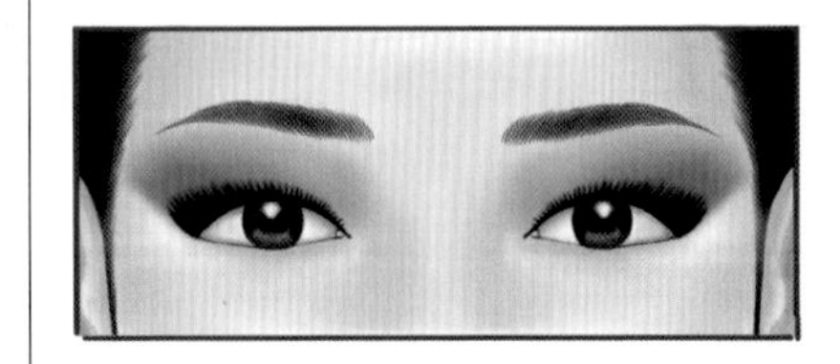

## 凹陷眼

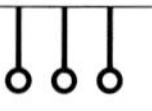

### √ 眼影特点

眼睑部皮下脂肪薄，上睑凹陷不丰满，使眼眶上缘明显突出，眼窝出现凹陷结构，多见于西方人，给人憔悴无神之感。

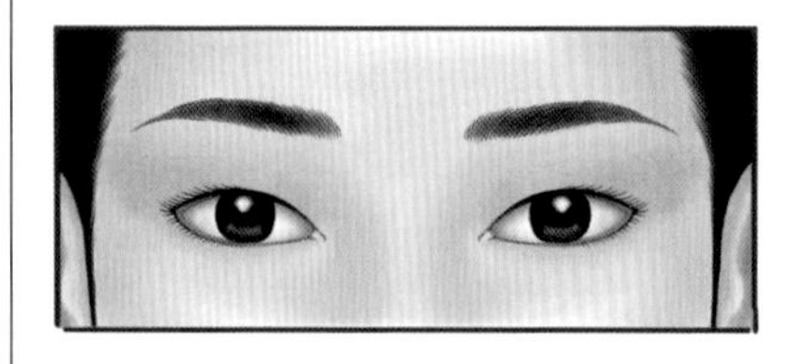

### √ 眼影修饰

首先用色彩来调整结构使眼睛显得丰满，在凹陷的眼窝处使用暖色或是亮色，亚光质地的具有扩张感的眼影来提亮凹陷部位，使用中间色减弱眼眶上缘的亮度，从而减弱眼眶和眼窝的明暗反差。

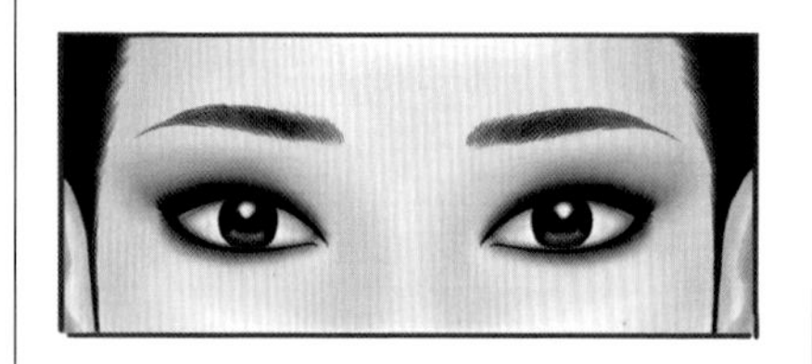

## 肿眼泡

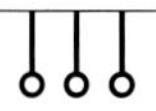

### √ 眼影特点

上眼睑的皮下脂肪过于丰满，由于上眼睑的鼓突，使得眉弓、鼻梁、眼窝之间的立体感减弱，外形不够美观。给人以迟钝、不灵活、状态不佳之感。

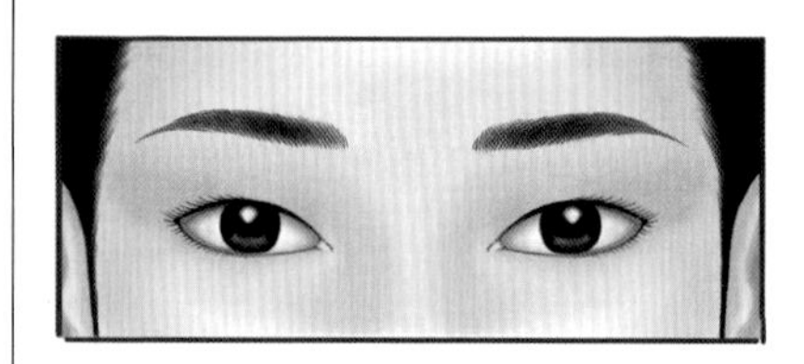

### √ 眼影修饰

重点刻画眼线，用眼睛的明亮神采来减弱眼睑水肿的印象；选择冷灰色调的眼影用在上眼睑水肿位置，冷色和纯度低的灰色在视觉感受上有收缩、后退的效果。用提亮色眼影在外眶上缘、眉弓、外眼角外侧提亮，减弱这个部位的阴影，增强眼部立体感。

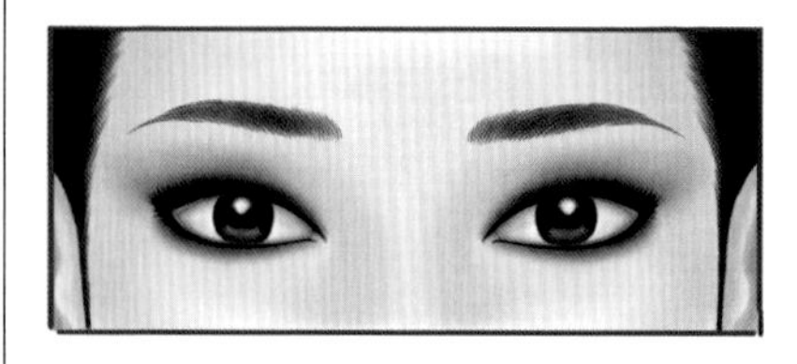

## 远心眼

### √ 眼影特点

主要特征是两内眼间距过宽，两眼分开过远，使面部显宽，失去比例美，显得呆板。

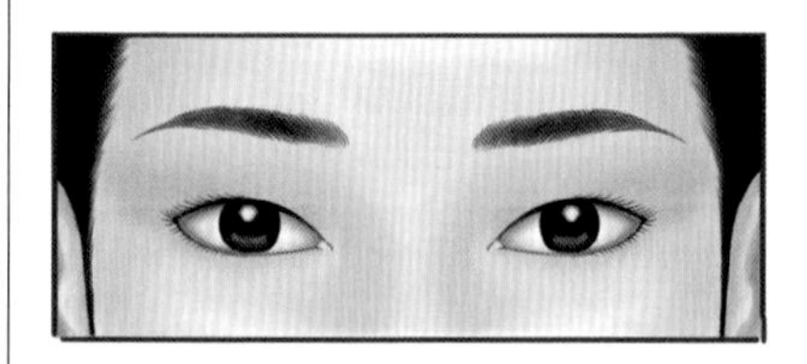

### √ 眼影修饰

将整个眼影的重心放在内眼角的位置，以内眼角为中心，向鼻梁、眼窝、眼尾方向晕染。

选择大地色眼影从睫毛根部开始向上晕染，色彩逐渐变淡，直至眼窝的位置消失。内眼角的晕染要向前延伸到鼻侧影的位置，过渡要自然。

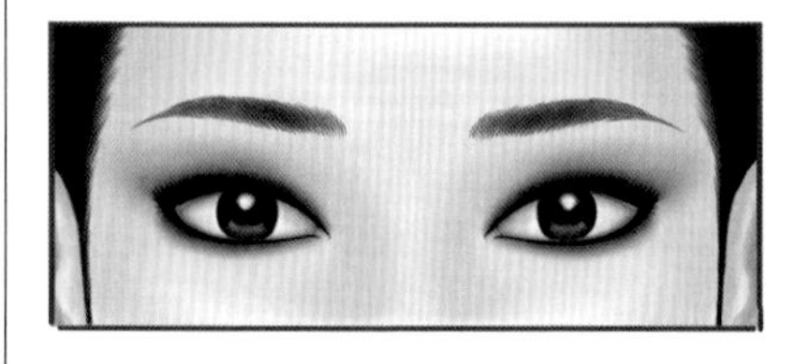

## 近心眼

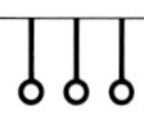

### √ 眼影特点

主要特征是两内眼间距过窄，两眼过于靠近，五官呈收拢态，立体感增强，显得严肃紧张，有忧郁感。

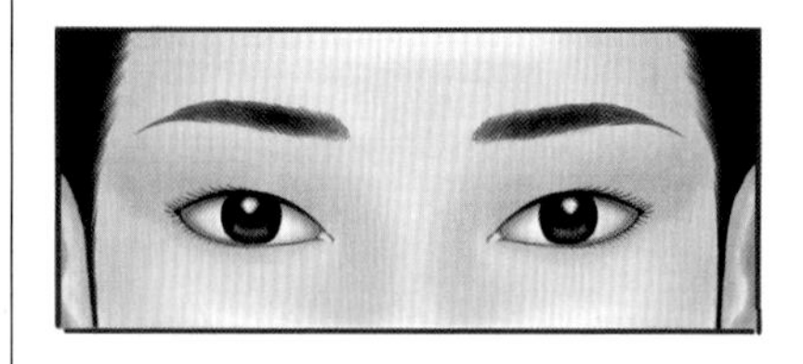

### √ 眼影修饰

将浅色的眼影自上眼睑睫毛根部开始向上晕染到眼窝，色彩逐渐变淡消失。内眼角的眼影较浅，眼尾略重些。自外眼角向外拉长眼影的长度，宜停留在外眼角到发际线距离的 1/2 处。此款眼影修饰有拉长眼形的效果，并在视觉上拉远了两眼之间的距离。

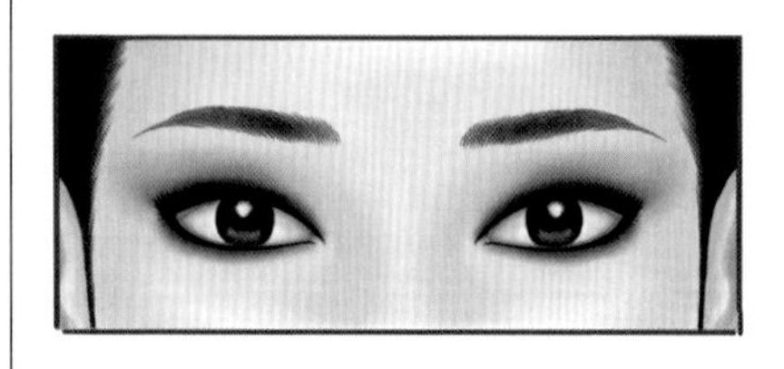

## 韩式自然眼妆

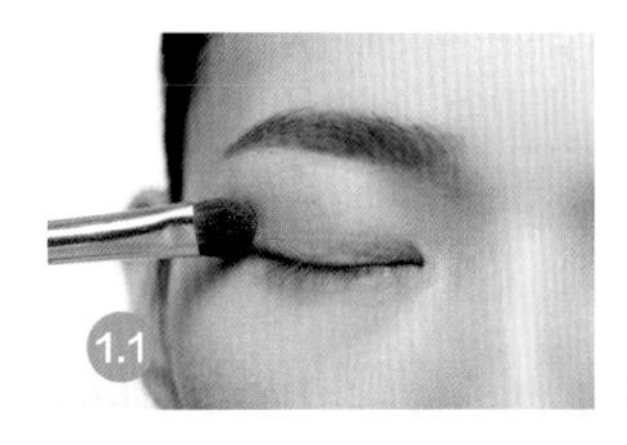


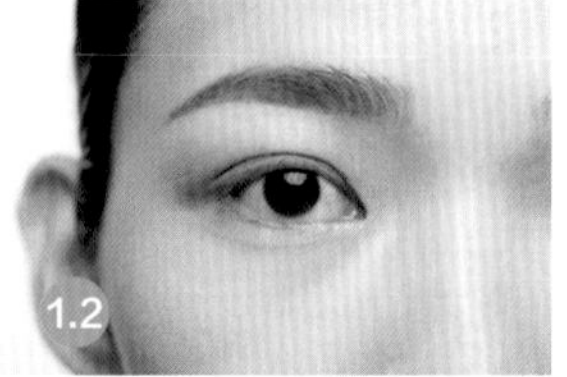


01 用眼影刷将浅金色眼影轻轻地涂在眼窝部位，左右来回晕染，使着色更均匀，增加眼影贴合度。

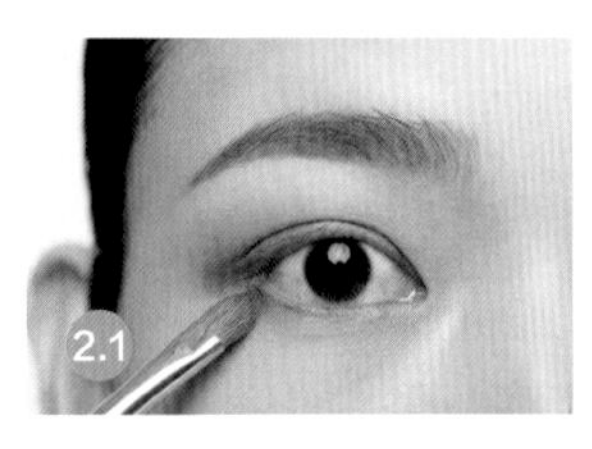


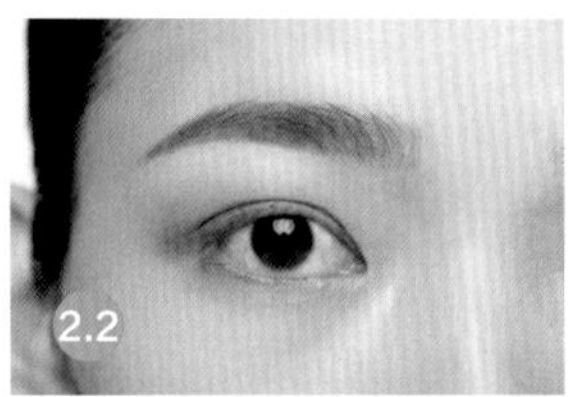

02 使用浅棕色眼影在眼尾处晕染，利用眼影刷上的余粉晕染下眼睑眼尾部分，自然晕染至下眼睑的中间处。

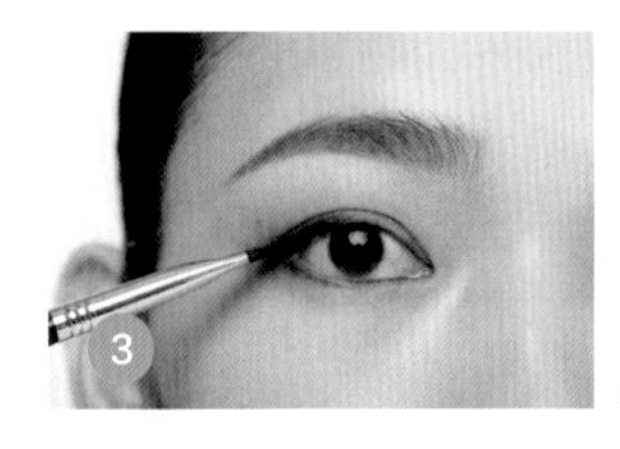

03 用黑色眼影膏沿着睫毛根部勾勒，增加黑度和修饰眼形，眼尾可略微加长。

04 利用深咖色眼影在下眼睑眼尾部过渡，作为上下呼应，增加眼部的立体效果，强化眼部的神采，重点是效果自然清新。

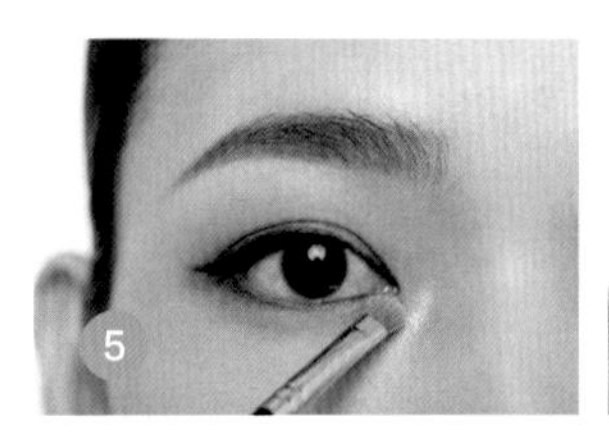

05 使用带有金色微珠光的驼色眼影呈“>”形涂在内眼角部位，使眼睛看起来更加开阔。

06 为了使眼睛更为亮丽，处理上下睫毛，增加眼部的张力和美感。

## 心机眼线 ·让你更有女人味·

眼线在化妆过程中占有极其重要的地位，画眼线是为了美化并凸显眼部，调整眼睛的轮廓和两眼间距，使眼睛由小变大，修正眼睛的形状，弥补眼部的缺点，增强眼睛的亮度，使双眸更具神采。

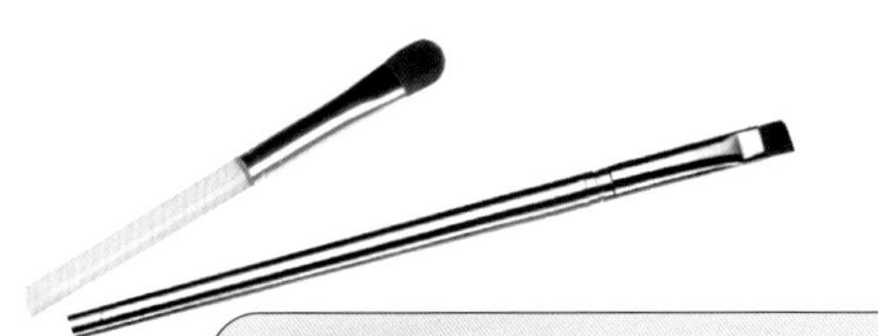

### 眼线产品解密

#### 眼线笔

用来加深和突出眼部的彩妆效果，使眼睛看起来大而有神，外形类似铅笔，可使用特制的卷笔刀或小刀去除多余的木质部分，或改变笔头的粗细，描画眼线时应该沿着睫毛根部描画，并且要使用比眼影色略深一些的眼线笔，上眼线粗，下眼线略细，这样能够使眼睛看起来乌黑有神。用眼线笔描画的眼线可用手指晕染成比较柔和的效果。

**优点**

眼线笔是最传统的画眼线的工具，颜色选择比较全面并且上色较容易。此外，由于它的硬质笔芯，操作起来比较容易，特别适合初学者使用。

**缺点**

画眼线的时候线条粗细不易掌握，有时候看起来没那么自然，并且容易晕妆以及脱妆，大大提高了熊猫眼的概率，所以内双眼皮尽量不要选择。

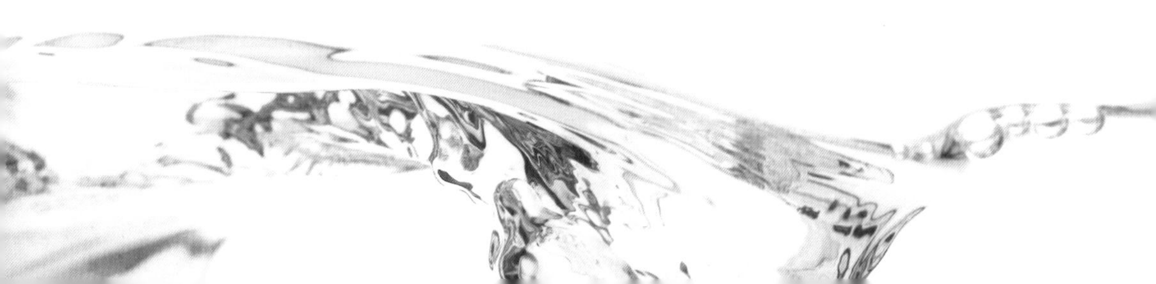

## 眼线液

**适合人群**

比较适合有一定化妆技术的女生。

眼线液又称软性眼线笔，作用与眼线笔一样，能够突显眼睛的线条，但用眼线液描画出的眼线较为浓密，相对的线条也更加明显，与眼线笔相比较，眼线液有两个很明显的特点，一是不容易晕妆，持久性好；二是线条流畅、突出、逼真，适合画突显眼线、时尚感强的妆容，眼线液对化妆师的技能要求相对高一些。

**优点**

有质感，线条感相当明确，妆容持久，不易晕妆。

**缺点**

由于是液体的原因，使用起来难度较高，不适合新手使用。

## 眼线膏

质地适中，介于眼线笔与眼线液之间。眼线膏没有眼线液难操控，描画出来的眼线也不会像眼线笔那样粗犷，使用起来更加滋润细致，效果也很不错。

**优点**

颜色饱满，质感表现力佳，线条粗细比较好掌握，配合眼线刷使用容易上手。持久性强，不容易花妆。

**缺点**

质地比较浓稠，容易凝固起块。

# 不同眼线的画法

## **长眼眼线**画法

√ 适合眼型

**较窄和较长眼型**

长眼的关键在于眼尾的描画，眼尾的长度要控制好，同时还需掌握微微上翘的弧度。

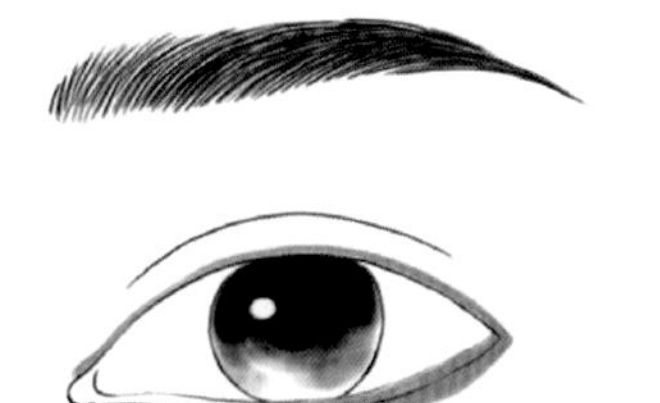

## **下垂眼眼线**画法

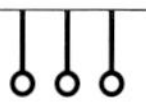

√ 适合眼型

**较圆的眼型**

下垂眼需要将原本正常上翘的眼尾弧度变得平缓，从下眼睑 1/2 处开始向眼尾画出逐渐加粗的下眼线，眼尾与上眼线以圆润的线条过渡融合，即可打造出拥有眼角垂坠感的无辜眼妆了。

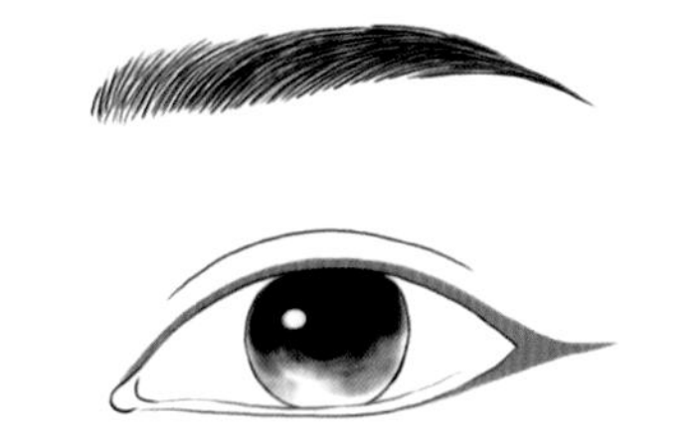

## **圆眼眼线**画法

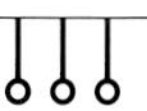

√ 适合眼型

**小鹿般的圆眼**

圆眼一般都显得较为平易近人，而且视觉给人感觉眼睛变大了。想要打造圆眼效果就一定要注意扩大黑眼球的直径，所以在画眼线时需在瞳孔正上下方进行加粗，而且应该是中间粗两边细的描法，这样不仅能呈现出弧形线条状，而且更为自然。

## 拉近眼距画法

√ 适合眼型

**两眼间距宽的眼型**

想要让自己眼角放大，眼距缩短，眼线的重点可放在内眼角，画出完整的上眼线，眼尾的眼线不要拉长。在眼头将眼线自然连接过渡到下眼睑约1/3处，此处的眼线可描画的粗一些，颜色略深一些。

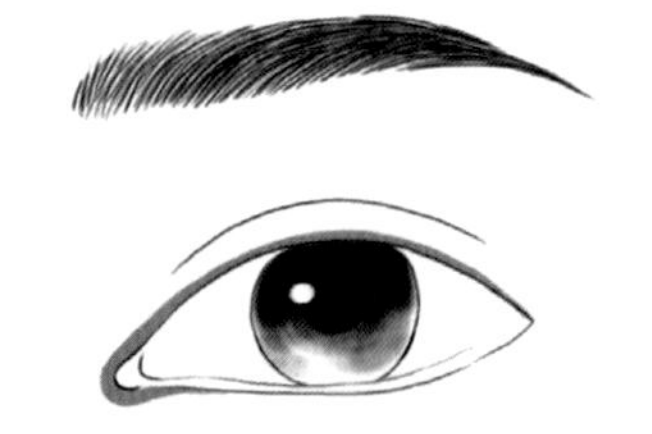

## 拉开眼距画法

√ 适合眼型

**两眼间距窄的眼型**

拉开眼距的难度较拉近眼距稍大些，需要将眼部的重点转移到尾部。从上眼睑3/5的位置开始向眼尾处画出上眼线，在下眼睑眼尾1/3处描画下眼线，建议眼头使用高光色进行提亮，拉开眼距的同时让眼神更明亮。

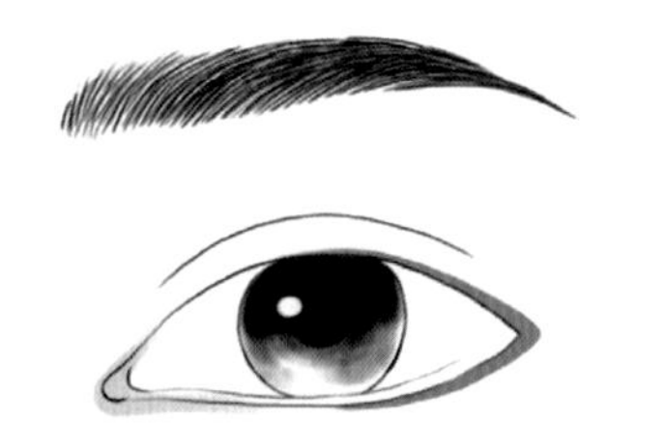

## 上扬眼画法

√ 适合眼型

**偏圆 / 偏短 / 下垂眼型**

上眼睑眼尾端眼线自然上挑，向上倾斜大约30度，在眼尾处适当加粗，呈现出柔和的上扬弧度，在下眼睑眼尾部1/3的位置画下眼线，与上眼线自然连接。猫眼妆可以最大限度地拉长眼形，增加本身偏圆和偏短的眼睛的长度，另外着重外眼角线条的上扬画法可以提升眼角，瞬间增加魅力指数。

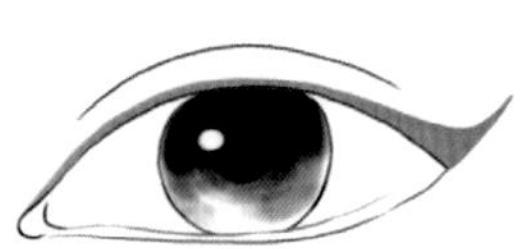

## 单眼皮眼线技巧

单眼皮眼型上眼睑一般皮肤较紧，或者有些水肿，显得眼睛小，画眼线时，在上眼睑边缘沿着睫毛根部画上略粗的眼线，根据眼型调整眼线的宽度，使眼睛睁开时也能呈现清晰的眼线。用深色眼影略微晕染，会更加自然柔和。

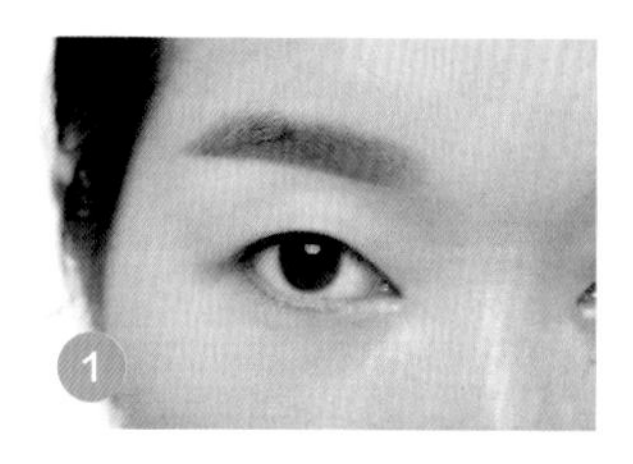

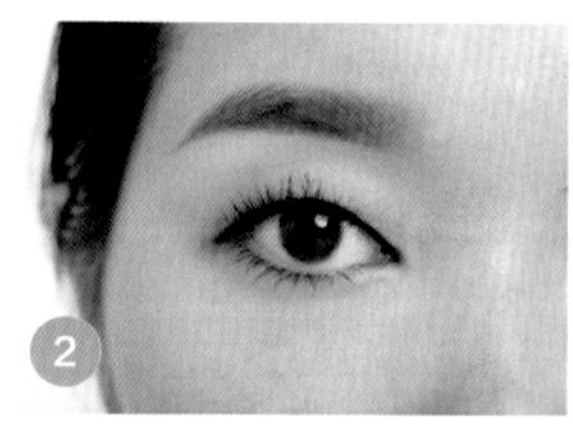

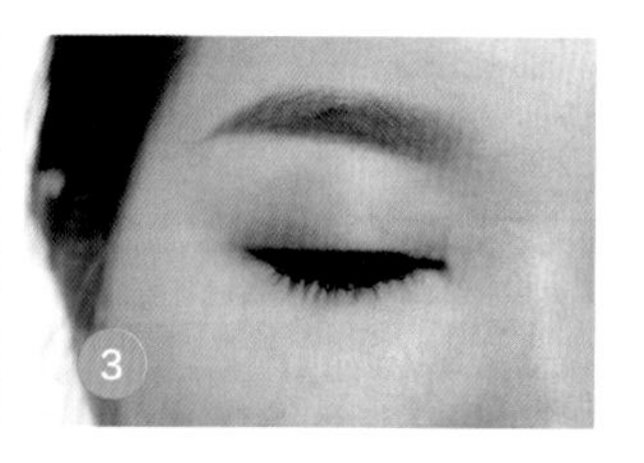


## 下垂眼眼线画法

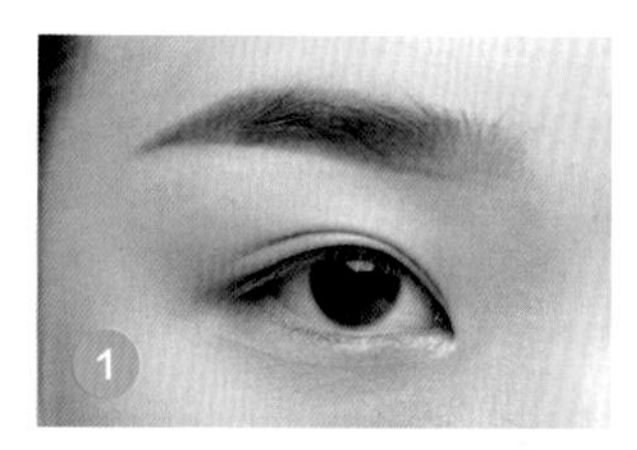

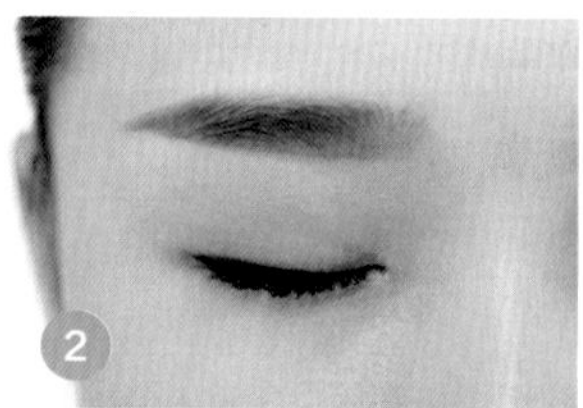

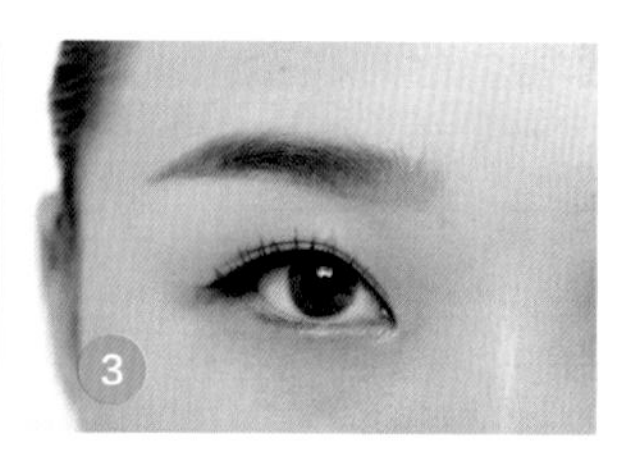


01 使用遮瑕或粉底液修饰眼尾眼皮下方，阴影变淡可减少下垂感。

02 眼头眼线画粗点，从眼尾把眼线延伸平拉，平衡下垂眼型。

03 尽量不要画下眼线，但可用眼影增加深邃感。

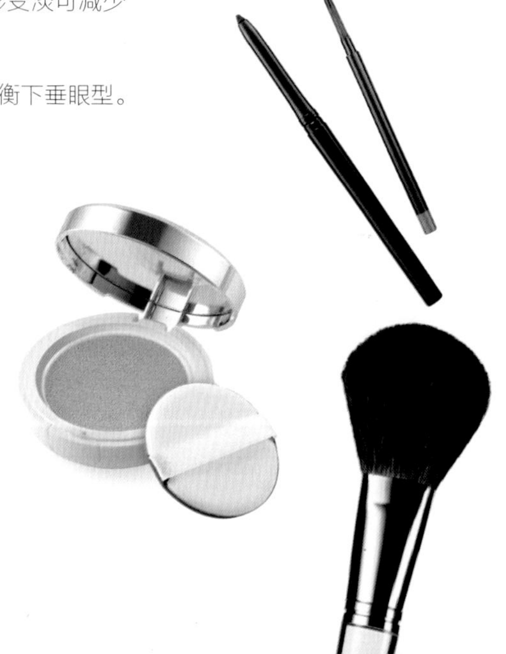

## 3D ·电眼美瞳术·

浓密、纤长、乌黑、卷翘的睫毛令眼睛看起来格外深邃迷人，不过，对于先天条件不足的女生来说，这时候就得依靠假睫毛了，假睫毛不仅能帮助睫毛短平塌的女生加深眼线，放大双眼，改善眼型，还能让眼睛更有神采。根根分明的电眼美睫更是时尚达人的眼妆必杀技，作为一个美睫眼妆新手，你能轻松搞定假睫毛吗？

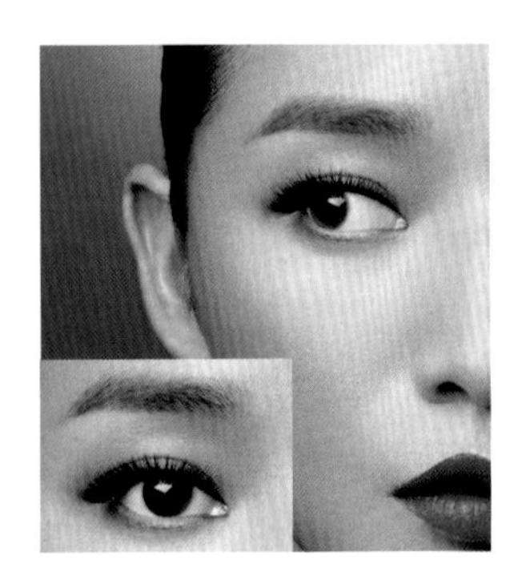

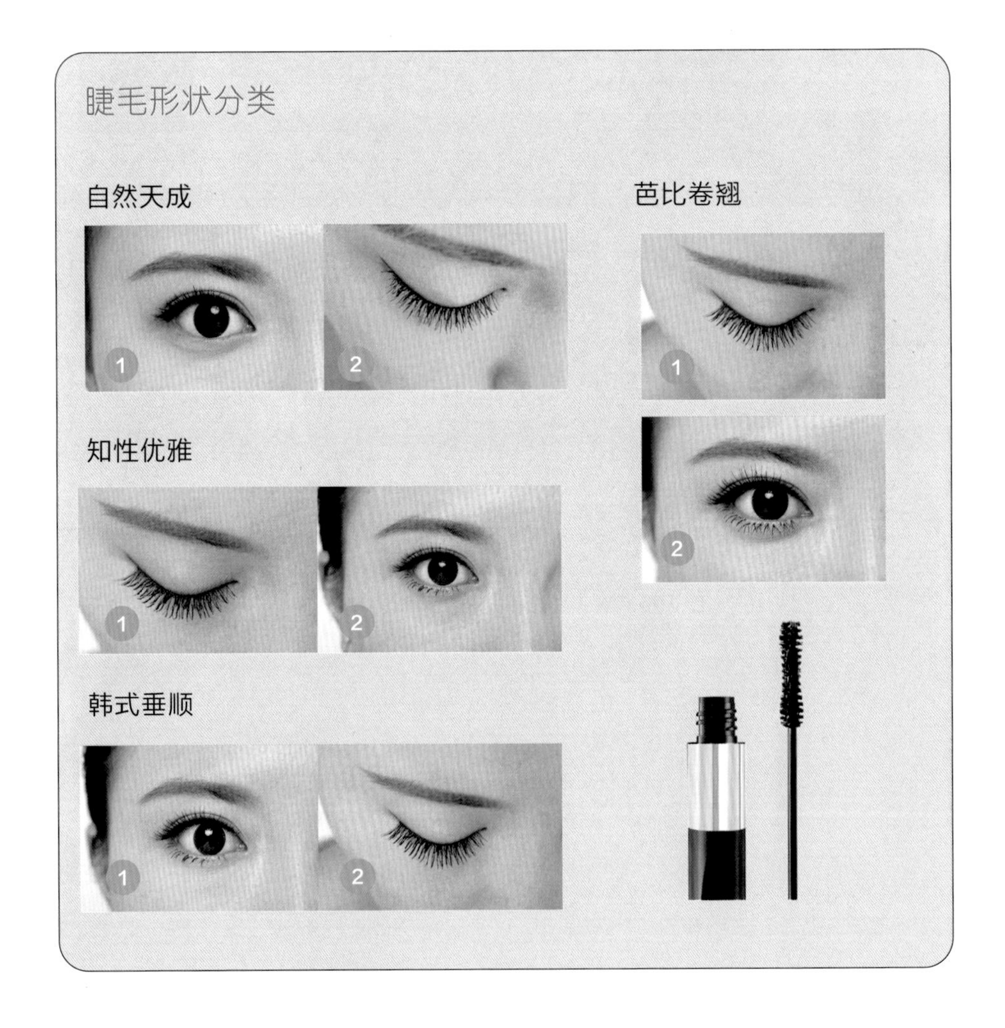

## 3D 电眼睫毛种植术

01 单簇式假睫毛是被分为一小簇一小簇的假睫毛，5 ~ 7 根为一簇，既能保持自然妆效又能很好地增添睫毛的浓密度。达到以假乱真的效果。

02 在粘贴单簇式假睫毛的时候，你只需要在一簇假睫毛的底部直接涂上睫毛胶，静待 15 ~ 30 秒，当睫毛胶有了黏性以后，再放置粘贴在紧贴睫毛根部的位置。

03 在粘贴的时候，建议把假睫毛尽量地贴在真睫毛根部之间的缝隙位置。这样既可以做到哪缺补哪，还可以用最少的量达到最自然的效果。

04 睫毛的数量要根据眼睛实际长度，要最适合自己的眼睛。眼尾的部分要注意，眼尾睫毛一定不要太翘，微垂的睫毛才会显得可爱温顺又自然。

05 整个眼睛的睫毛粘贴完毕后，用小工具或是手指把真假睫毛轻轻地上下拨动想，让真假睫毛可以混合在一起。假睫毛和真睫毛的卷翘度保持一致。

06 在睫毛内根部用眼线笔画上眼线，隐藏假睫毛的根部。

07 最后涂上睫毛膏。记住一定要从根部开始用梳理的方式给真假睫毛做定型，切忌不要出现睫毛分层。为了打造睫毛的真实感，下睫毛也一定不能忘。

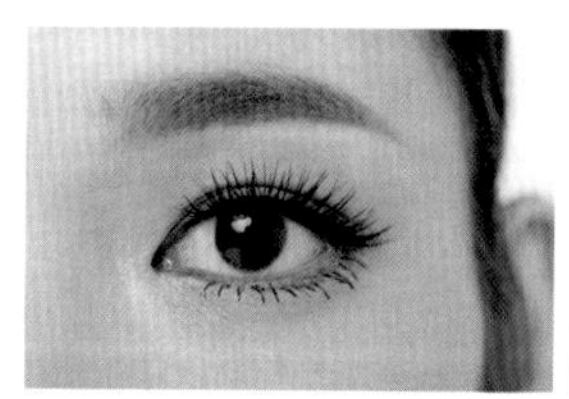

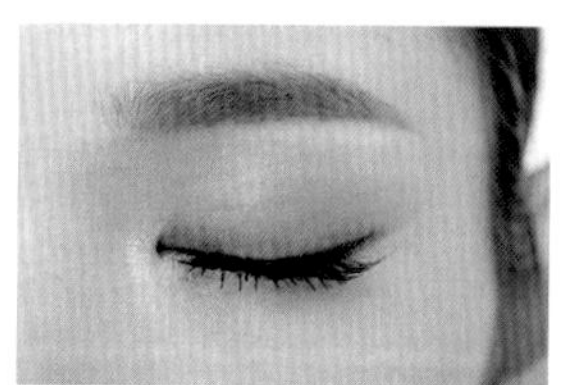

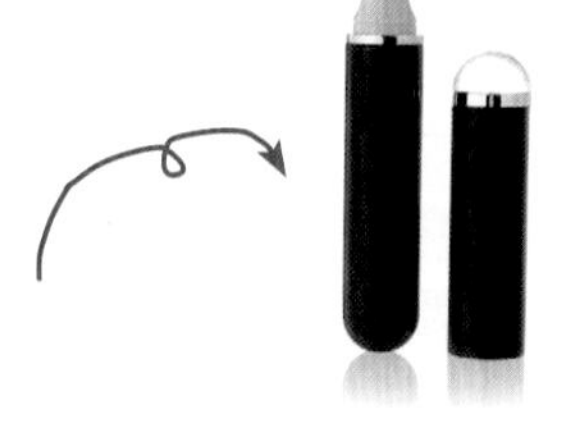

使用电动睫毛烫，可以让睫毛更加卷翘哦！

## 减龄神器 ·腮红的多种用法·

腮红是彩妆中重要的一部分，恰到好处地使用腮红可以调节皮肤气色，修饰面部轮廓。腮红有多种画法，可以呈现不同的妆容效果。

### 根据质地选腮红

腮红产品按质地分类，主要分为：粉状腮红、膏状腮红、液体腮红、乳霜状腮红、慕斯腮红。不同质地适合不同皮肤，也会产生不同的修颜效果。

**粉状**腮红

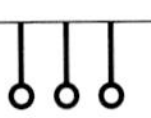

√ 妆效特点

自然健康美感

√ 适宜人群

油性皮肤、混合性皮肤

粉状腮红是最常见的腮红种类，外观呈块状，含油量少，质地轻薄，色泽鲜艳，多种多样，有抑制油光的作用，分为亚光质感与珠光质感两种。易涂抹，非常适合初学者。

**膏状**腮红

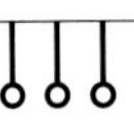

√ 妆效特点

自然滋润美感

√ 适宜人群

干性皮肤、混合性肤质

膏状腮红成分中含有少量的油脂，颜色服帖有光泽，饱和度非常高，搭配海绵使用，延展效果更佳。

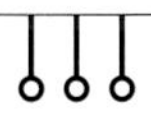

**液体**腮红

√ 妆效特点

持久自然美感

√ 适宜人群

所有肤质

液体腮红油脂成分含量较少，或是不含油脂成分，质感薄、快干，亲肤性极好，易附着于皮肤。

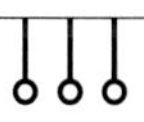

**乳霜状**腮红

√ 妆效特点

健康滋润美感

√ 适宜人群

干性皮肤、混合性皮肤

乳霜状腮红质地柔滑，需要有技巧地使用，一次用量不能太多，不然会越擦面积越大，不适合新手使用。

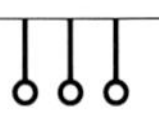

**慕斯**腮红

√ 妆效特点

光滑丝缎美感

√ 适宜人群

油性皮肤

质地清淡，一次用量不宜太多，以多次覆盖方式涂擦，效果会比较自然。

# 根据肤色选腮红

## 白皙皮肤

**适合腮红颜色：浅色系列腮红**

浅色系列腮红适合皮肤白皙女性使用，如粉色、浅桃色等，这类颜色的腮红容易与整体妆容搭配，能将白皙的皮肤映衬得精致通透，自然红润有光泽。

## 偏黄皮肤

**适合腮红颜色：珊瑚色系**

偏黄皮肤是亚洲女性最常见的一种肤色，用腮红的目的就是要提亮皮肤，改善黄肤色的暗沉。而珊瑚色系的腮红能中和皮肤本身的厚重感以及偏黄的色调，可以很好地综合肤色，提升皮肤气色。

## 泛红皮肤

**适合腮红颜色：粉紫色**

泛红的皮肤通常是由过敏或者面部红血丝引起的，选用粉紫色系的腮红，对过敏引起的红斑或者红血丝有很大的修饰作用，可以让它们看起来不那么明显。如果使用红色系腮红的话，反而会使泛红现象更明显。

## 小麦色皮肤

**适合腮红颜色：橘红色、橄榄色、深桃红色**

其中橘红色腮红最能打造出运动美女的妆容效果。小麦色是公认的健康肤色，涂腮红之前不需要用粉底遮盖原来的肤色，可以直接用腮红刷在面颊上扫腮红，这样会让面部更有立体感。

## 腮红的多种涂抹方法

对于面部轮廓不够立体的女性来说，腮红是最好的修颜方式。不同的脸型会有不尽相同的腮红涂抹方法。

### 圆形腮红

√ 妆效特点

打造具有好感度的美肌印象

√ 适合脸型

椭圆形脸、圆形脸、长形脸、菱形脸

√ 适合颜色

粉嫩色系、糖果色系

√ 打造方式

圆形腮红涂法是打造饱满的苹果肌的最佳的方法。对着镜子微笑，在两颊凸起的笑肌位置，以打圈的方式涂上腮红即可。如果想要通透感，可以用化妆刷再蘸取少量的高光产品，在笑肌处轻扫几下，就能有明显的效果了。

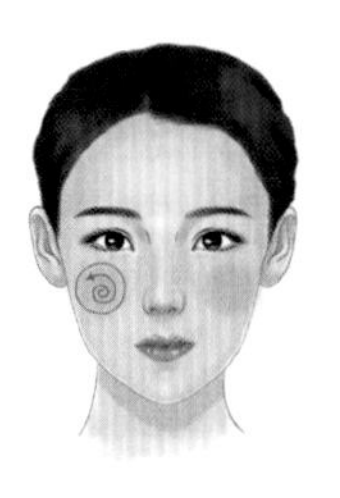

### 椭圆形腮红

√ 妆效特点

打造亲和柔美感

√ 适合脸型

菱形脸、方形脸

√ 适合颜色

橘色系

√ 打造方式

加强面部柔和感，使用腮红刷沿面颊轮廓，从内向外呈椭圆形晕染，涂腮红的时候采用收敛、圆润的涂法，最大限度地修饰过于明显的棱角，腮红的重心不能超过苹果肌的最高处。

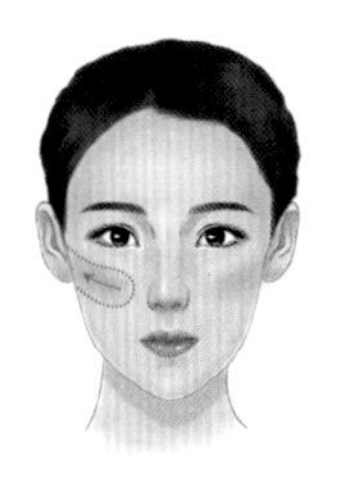

## 心形腮红

√ 妆效特点

超萌甜蜜感

√ 适合脸型

椭圆形脸、圆形脸、方形脸

√ 适合颜色

粉色系、蜜桃色系

√ 打造方式

对着镜子微笑，在笑肌的位置，用腮红刷以左右来回的方式涂腮红，呈现上宽下细的爱心形状。

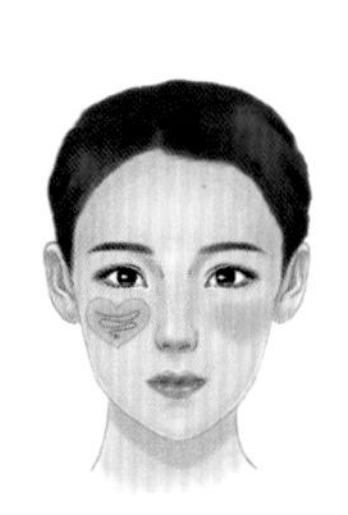

## 颊侧腮红

√ 妆效特点

打造紧致的 V 脸轮廓

√ 适合脸型

任何脸型

√ 适合颜色

红色系、橘色系、粉色系

√ 打造方式

颊侧腮红主要是为了修饰脸型，涂颊侧腮红的关键是，运用深色的腮红轻扫在耳际到面颊骨的位置，加深面部轮廓的明暗阴影，不仅能提升面部紧致度，还能让面部更具立体感。

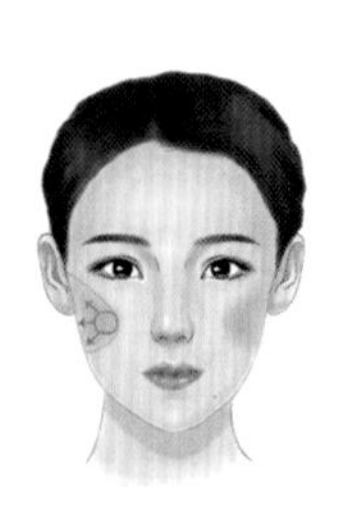

## **扇形**腮红

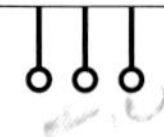

√ 妆效特点

时尚个性妆感

√ 适合脸型

任何脸型

√ 适合颜色

玫瑰色系、珊瑚色系

√ 打造方式

扇形腮红的面积较大，不仅能够修饰脸型，还能够衬托出好气色。是由太阳穴、笑肌、耳根处构成扇形，轻轻扫过腮红的时候要注意方向，要从颊侧往两颊中央上色，让最深的腮红颜色落在颊侧的位置，达到修饰脸形的目的。

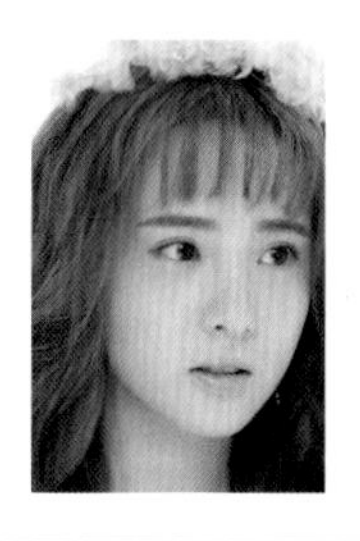

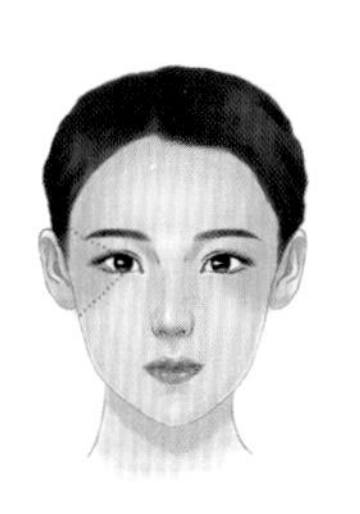

## **日晒**腮红

√ 妆效特点

可爱俏皮感

√ 适合脸型

椭圆形脸、长形脸、菱形脸

√ 适合颜色

橘红色系、古铜光泽

√ 打造方式

日晒腮充满了阳光感，仿佛置身于碧海蓝天的度假区中。挑选有亮泽感的腮红，淡淡扫在鼻翼两侧的位置，再从鼻峰慢慢推往两侧面颊，就能创造出刚受过阳光洗礼的感觉。

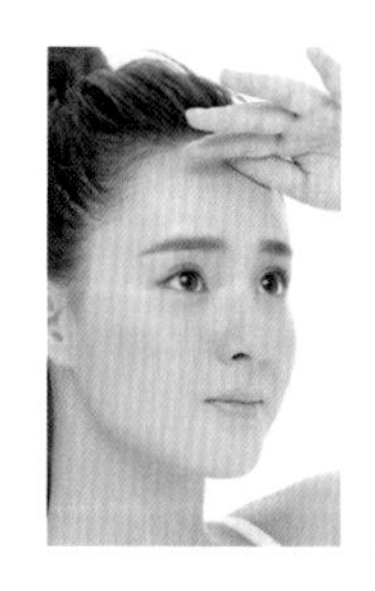

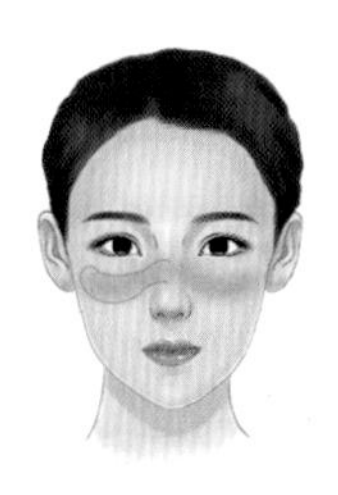

## 减龄气血腮红的涂法

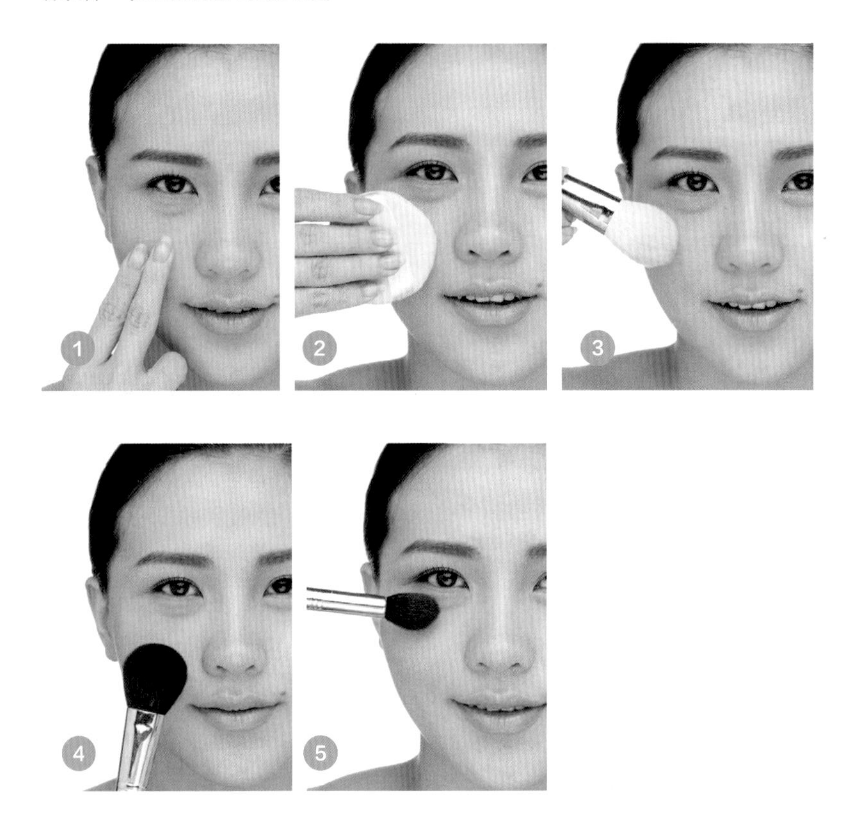


01 底妆完成后，用手指将适合肤色的膏状腮红，轻轻地从笑肌往耳际涂抹，量不要多，慢慢层叠，笑肌中心可以稍微加重，让颜色看起来更有层次。

02 用粉扑蘸取适量的薄透蜜粉，轻轻按压在刚刚涂抹膏状腮红的位置，去除多余的油脂，使腮红像从皮肤底层透出来好气色。

03 选择与膏状腮红同色调的粉状腮红，在笑肌向耳际晕染，不要超过原本膏状腮红的范围。

04 选择偏浅的同色系微珠光粉状腮红产品提亮苹果肌，加强腮红的层次与视觉强度。

05 用小刷子蘸上浅色修容粉，在眼部下方与腮红交界处淡淡晕染，自然衔接腮红与眼部下方的肤色，消除眼周暗沉。

## 3D腮红矫正术

### 定位

不同的脸型，腮红的中心位置会有不同，而合理的定位是涂好腮红的第一步。眉峰、眼梢垂直向下与颧骨的交点就是腮红的中心位置，可以此点为色彩最浓郁的位置。此外，还有一种简单的方法：当你微笑时，以面颊的最高点为腮红的中心，在耳朵前方至太阳穴的区域涂抹即可。

### 收缩脸型

为了让面颊显得更清秀，过于宽大的部位要用深色腮红来修正。正面观察，如果两边下颌角宽于或平齐于颧骨两边，就需要用略深的腮红掩饰，深棕红色比较吻合东方人的肤色要求。操作方法：沿耳朵前方至下颌角的方向刷上深色腮红，上深下浅，并充分揉开。注意深色腮红和周围色彩的衔接，均匀相融才算涂好腮红。

### 局部提亮

为了更富立体感，用小刷子蘸上浅色修容粉，刷在窄小、不够突出的部位，小脸会顿时明亮而有生气起来！通常，额头中央、鼻梁和下巴都是涂浅色修容粉的位置。太阳穴和眼睛下方涂刷浅色修容粉可以让眼睛更为明亮，光彩绽放。浅色修容粉和周边肤色的过渡要自然，尤其是深浅相交的位置。

## 极致美唇 ·巧妆点·

唇妆，对于女性来说非常重要。它能够体现一个女人的魅力，巧妙的唇妆是快速变美的法则，一支口红就可以让你迅速改变，完成不同场合的切换。

### 唇形美学

双唇与眼睛一样，是增添面部神韵的灵魂之处，一颦一笑，不经意之间总能流露出独特的个人气质。唇的美感主要来源于唇的形状美。

### 理想唇形比例

**唇珠**

上唇正中唇红呈珠状凸起，称为唇珠。唇珠可使唇形生动，展现立体感。

**唇峰**

上唇的唇红线呈弓形称为唇弓，在唇弓和中迹两者之间的最高点就是唇峰。理想的唇峰位置在唇角到唇谷的 2/3 处。两个唇角到唇峰的距离与两个唇峰之间的距离比例是 1 ∶ 1 ∶ 1。

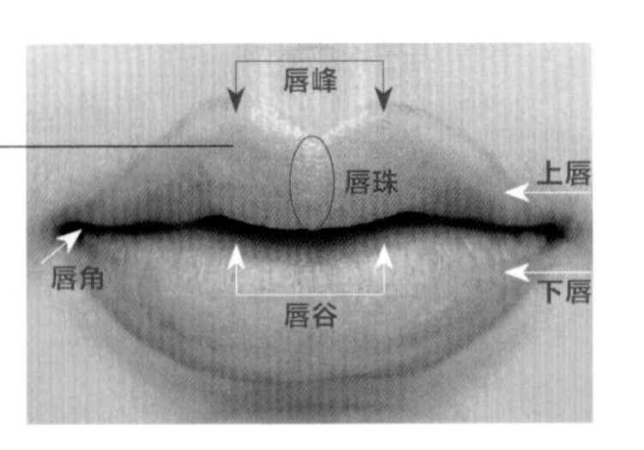


**厚度**

唇分为上唇和下唇两部分，东方人的上下唇比例为 1 ∶ 1.5；欧洲人则为 1 ∶ 1。下唇的形状像船底，形状圆润而有弧度。

**宽度**

眼睛平视前方时，沿黑眼球内侧向下画两条垂直延长线，两条延长线的宽度之间就是唇的标准宽度。如果两唇角在延长线外，则唇较大，反之，则较小。

## 韩式咬唇妆

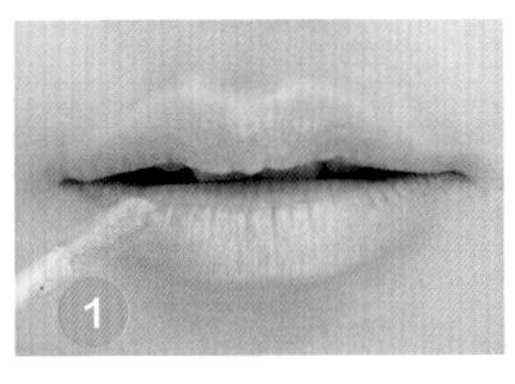


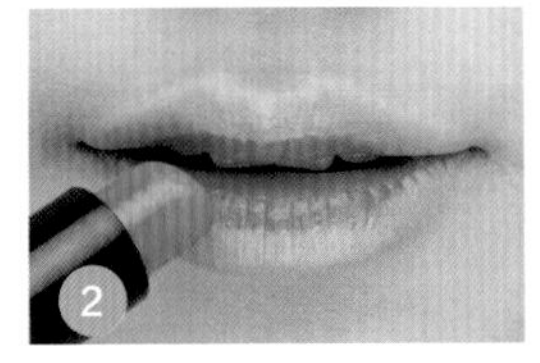


01 用遮瑕产品还原嘴边的肤色，给唇部遮瑕。

02 贴近唇部，用渐层的颜色涂抹在唇部中间。

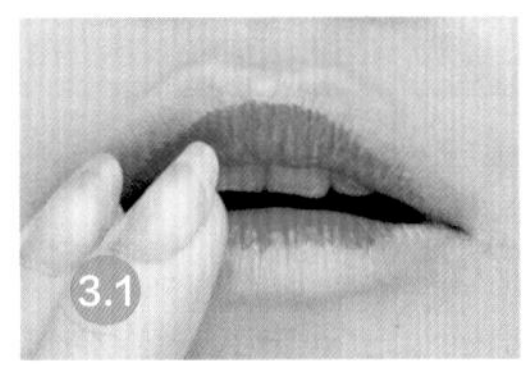


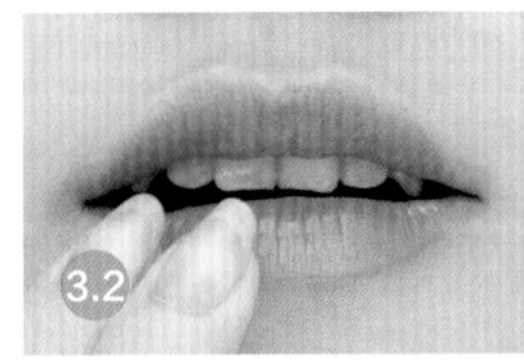


03 用手指或是唇刷由内往外向唇部外缘晕染，内深外浅。

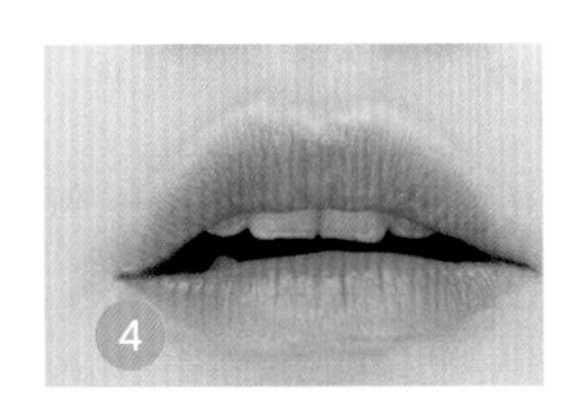


04 最后用手指蘸取裸色唇膏自然晕染唇部边缘。

## 优雅红唇

01 原有唇色会影响唇膏的显色度，先用遮瑕产品给唇部遮瑕，用唇线笔在嘴唇外缘进行勾勒，画出唇峰，让唇部轮廓更加鲜明。如果没有唇线笔，可以用口红在唇中上部画一个“X”号。轮廓清晰的“丘比特之弓”能够让嘴唇看起来更加的饱满。

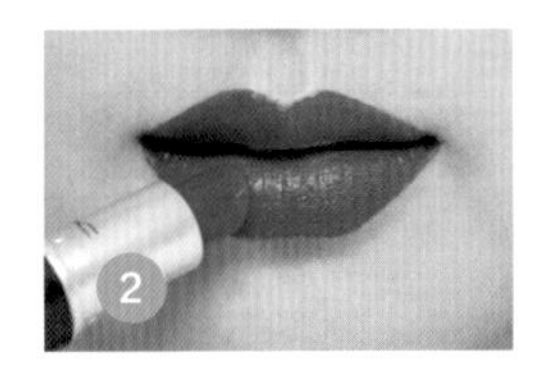


02 接着将中间空余部分填满，唇部中间高光提亮，使唇部看起来更加立体。

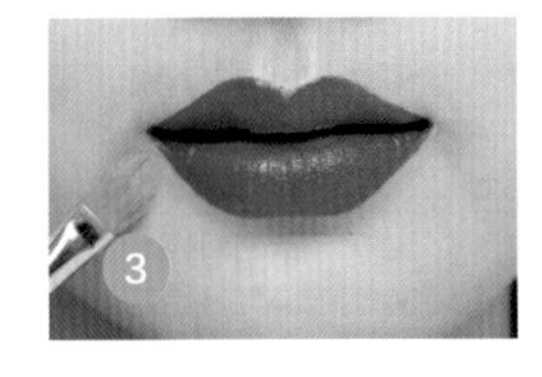


03 用遮瑕笔沿着唇部边缘涂抹，使唇缘更加分明，唇妆看起来更精致！为了使唇妆更加持久，可以在双唇之间夹一张纸，吸去多余的颜色，再轻扑一点点粉。

## Q 对于唇部干燥，涂抹口红后出现卡色、唇纹明显等问题应该怎样解决?

**A** 面对这些问题，最重要就是解决唇部本身的基底问题，即需要定期去角质，让唇部持久保持滋润就可以减少上面的那些问题的出现。

1. 用温热的湿毛巾捂住唇部，软化角质层。
2. 将性质温和的去唇部角质产品轻轻地抹在唇上，保留3～4分钟，去除死皮细胞，加速新陈代谢。配合按摩，还可以促进唇部血液循环，使双唇变得润泽红艳。

唇部专用去角质产品一般都含有清凉的薄荷配方，在让双唇恢复平滑滋润的同时，还具有修护和镇定作用。不过由于嘴唇的皮肤很薄，所以去角质不宜频繁，以一周一次为宜。

---

## Q 对于唇部颜色较深，导致涂抹后效果与口红实际颜色相差甚远的问题应该怎样解决?

**A**

1. 用粉底或者唇部遮瑕膏用手点压的方式遮住原本唇色。
2. 使用口红，用手指以轻压的方式按压到唇部，就可以呈现口红本身的颜色。

## Q 口红容易脱色，持久度不佳的问题应该怎样解决？推荐使用哪一种唇膏？

A 一般在进行旅游、野炊等户外活动的时候，双唇最易受到环境侵袭而出现龟裂、老化现象，夏季紫外线会给娇嫩的唇部皮肤带来伤害。因此最好选用具有防晒功能的水润型护唇膏，保湿的同时兼具隔离效果，可以有效地防止紫外线辐射，给予唇部最充分的呵护。

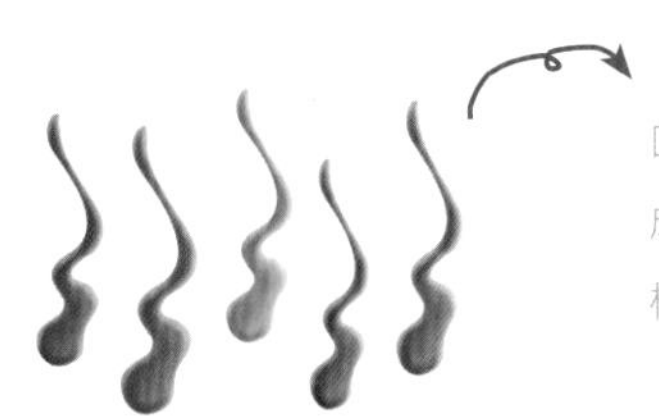

唇部干燥时尽量少使用非高效保湿型的口红，因为很多口红中的石蜡和色素成分容易使唇部水分流失。更不要涂抹成分不明的产品，必须确保其卫生标准和含铅标准都经过严格控制证明安全后才能使用哦。

## Q 唇部残留颜色不容易彻底卸除的问题应该怎样解决？

A

1. 用面纸按压嘴唇，吸掉唇膏里的油脂。
2. 然后将唇部专用的卸妆油倒在化妆棉上，至完全湿透后轻敷在双唇上，停留 5 ~ 10 秒，令唇部的口红或者唇膏溶解于卸妆油中。
3. 用化妆棉从一侧嘴角开始慢慢滑移到另一边嘴角来擦拭卸除唇妆，可反复 2 ~ 3 次，直至唇上残留的口红被完全清除干净。

## Q 对于涂抹后质感较干、效果呆板，没有像杂志上模特水水嫩嫩效果的问题，在唇妆打造上应当注意什么？

A

1. 妆前的唇部保湿工作要做好。
2. 口红的质地要选择滋润，着色度比较高的。
3. 在涂完口红之后选择滋润型的唇彩进行着色加固水嫩效果。

## 3D修容 ·媲美微整形的修容技法·

没有人的五官是完美的，或多或少都有缺陷，只要你用对了方法，缺陷会慢慢地被掩盖。

### 面部微整化妆技巧

#### 线的切割式化妆技巧

线的切割式化妆技巧是利用直线或曲线切割，割裂一个整体的造型而让它形成另外一种造型。这个线没有固定的长、短、宽、窄，没有固定的位置，它完全由你所想要的新造型决定。

这是一条虚设的线，这条线可以是长形线，也可以是两条眉毛连成的水平线，还可以是嘴角与发际的水平连线。如长脸形的人，要使脸型看上去略短一些，可在脸上虚设一条分割长方形的虚线，可以把女性的眉毛压低一些，这就是利用线的切割原理，把长的东西切断，它就变短了。

#### 局部冲破整体的化妆技巧

局部冲破整体的化妆原理是通过强调面部五官的局部造型，分散对整体脸型的注意力，突出被经意渲染过的五官局部。

比如大的方型脸的女性，可以着重眼睛和嘴的修饰，这是利用了局部冲破整体的原理，使五官看上去琐碎了，一张大脸化整为零。如果脸型窄长则可以着重于外眼角与嘴角的塑造。

### 色彩的忽视与不被忽视的化妆技巧

色彩的忽视与不被忽视的化妆技巧在素描上被称为虚与实的原理。在同一张脸的造型上，五官的虚与实会产生出不同的脸型效果。

眼线加深就使眼睛不被忽视，唇部不去描画，就会相对忽视。

一个脸型上部凸出的人，在化妆上则可以强调唇部的用色，可以用色彩深一些、艳一些的口红，这样就把注意力吸引到了唇部，从而忽视了凸出的额头。当然，色彩不被忽视了，那唇部的造型就要注意，要描画精致美观。

### 大面积色块拖拉的化妆技巧

大面积色块拖拉的化妆技巧是利用大面积的色块错觉，来达到改变脸型的目的。

比如面部较瘦的女性，要改变脸型，最简单的办法就是把腮红的位置降低，并向面颊两旁耳处移动，使面部显得宽一些、短一些，也显得圆润多了。

若短而宽的脸型，则需要把腮红的位置移向脸的中间，并抬高腮红的位置。

### 高光与暗影的化妆技巧

高光与暗影的化妆技巧是改型最大的一种化妆方法，也是最为重要的一种，这种方法可以改善任何一种脸型。高光与暗影的化妆原理是利用绘画中的结构画法来处理阴影色和亮色，达到改善脸型的目的。

化妆的时候，在脸型上需要突出的部分使用高光，而在面部需要减弱存在感的地方地方使用阴影。这个高光与暗影色是可以用粉底色调成的，也可以是化妆色彩中的冷色（偏冷的色彩，如棕色、咖啡色、灰色、褐色、绿色、蓝色等）或亮色（偏暖或明度高的色彩，如亮白色、米色、象牙色、黄色等）。需要注意的是明暗交接的地方要过渡自然，不能有明显的深色和浅色的交界。

# 3D 立体美妆

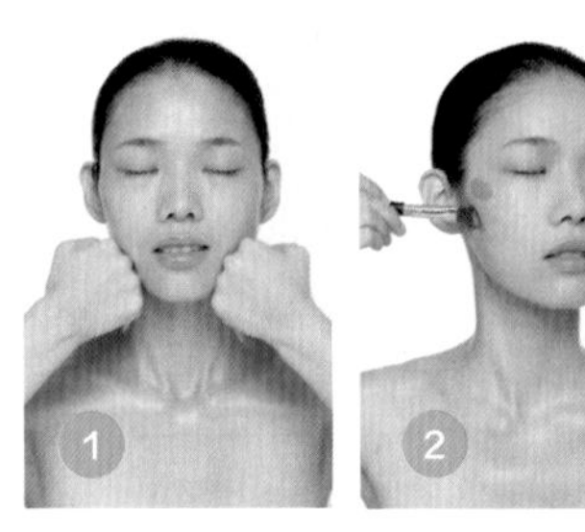


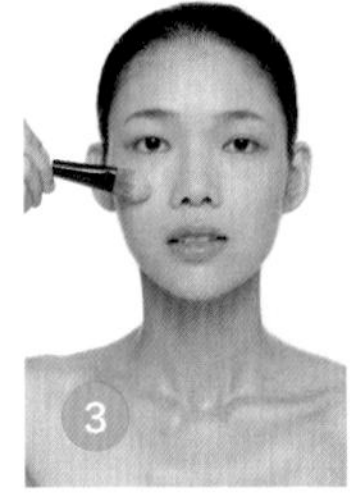


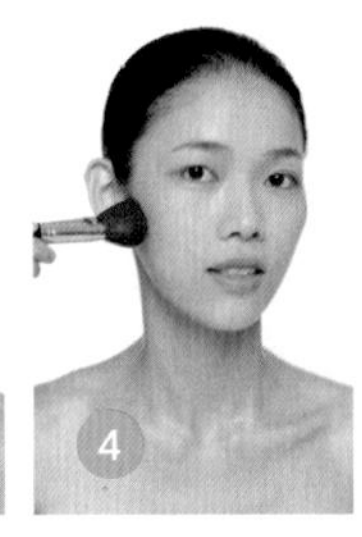


## 局部冲破整体的化妆技巧

阴影，无疑是脸型修饰的无敌法宝之一，“卜”形瘦脸法，是最简单且每种脸型均可以使用的阴影瘦脸方法。以太阳穴、腮骨、耳朵下方与下颌骨的交界点定为一条直线，用阴影刷沿在点定下的一条直线来回扫动形成阴影，以中心点由内向外扫至外眼角平行线位置，不可超过。耳根处最重，越往内越轻，形成“卜”形，这样会把外轮廓的多余肉去掉的同时让面部显得更加精致，更显得脸小，脸型更显立体了。

阴影要打得比较均匀，不要看到明显的形状，不然就得不偿失了。

## 眉形修饰

眉毛的宽窄因人而异，头部又是一个圆柱结构体，从哪下手分辨选择眉形却成了大家最头痛的问题。在这里，教大家一个最简单的方法。

首先用“额头宽”还是“眉眼间距宽”来鉴别。额头比较宽的女生，在眉毛上方加宽一些，稍粗的眉毛会让额头变窄达到调整效果。眉眼间距宽的女生以眉毛下方为重点部位，便能拉近眉和眼的距离。按照五官的比例来相应修饰，在眉形的添补上掌握平衡，才能够使眉形变得更加美丽。

接下来需要做的是区分“哪是脸的正面，哪又是侧面”。方法很简单，先用你的双手并拢把整张脸盖住，注意小拇指合拢位置要在鼻梁上。食指以内便是脸的正面即内轮廓，以外的就是脸的侧面即外轮廓了。食指所在的位置就是眉峰的正确位置。内轮廓和外轮廓用眉峰清晰地划分开，这样的眉形能让你的五官一下子变得立体起来，妆容修饰后也会变得更深邃迷人。

## 眼部修饰

放大双眼，增添眼睛神采，一直是东方女性对眼妆的追求，在眼妆打造上，着重眼部轮廓的描绘。

1. 利用大地色系眼影由浅色至深色刷出层次感。
2. 沿着睫毛根部画眼线，顺着眼睛弧度拉长眼线，增加眼睛长度。
3. 高光提亮，增加眼睛上下高度，起到整体放大的作用。
4. 自然卷翘的睫毛会放大双眼，使眼睛更加有神。
5. 将高光粉扫在眼部下面的三角区，一直延伸到略超眼尾的地方，让眼部呈现自然的反光质感。

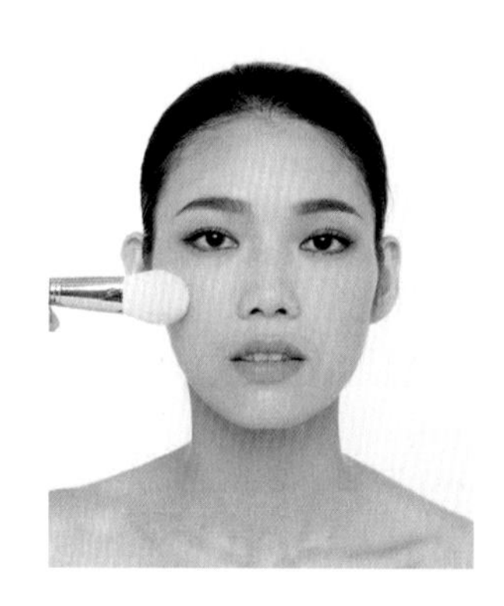

## 腮红修饰

腮红的修饰能让气色看起来更加红润。使用时，找到准确的上色区域是修饰的关键所在。

1. 对着镜子，大笑一下，找到面颊上自然隆起的部位，也就是我们的“笑肌”，它是最适合使用浅色腮红的位置。
2. 用力地吸一下面颊，凹陷的位置是我们想“变瘦”的位置，在此处使用深色腮红。

## 唇部修饰

使用裸色或肉粉色唇膏，从唇部中央直接上色，模糊唇线。利用水感的透明或裸色唇蜜，由唇中央开始左右均匀推开，范围略大于第一层唇膏，就打造出了水嫩又不易脱妆的自然美唇。

# 不同脸型的修饰方法

## 圆形脸

### 脸型特征

圆形脸又称作“娃娃脸”，它的特征是脸型比较短，面部的肌肉丰满，面颊圆润，骨骼之间转折比较缓慢，缺乏立体感。发际线呈弧形。脸的长度与宽度的比例小于4∶3。

圆形脸给人活泼、可爱的印象，显得年轻、明朗、有朝气，但略显稚嫩，不够成熟。

### 轮廓修饰

用暗影色在两颊及下颌角等部位晕染，削弱面部的宽度，用高光色在额骨、眉骨、鼻骨、颧骨上缘和下颏等部位提亮，加长脸的长度和增强面部立体感。

### 眉形修饰

圆形脸适合略微上扬的眉形，眉头压低，眉尾略扬，眉峰可以略向后移，不要太突出，即可以打破脸的圆润感。

### 鼻部修饰

拉长鼻型，高光色从额骨延长至鼻尖，必要时可加鼻影，由眉头延长至鼻尖两侧，增强鼻部立体感。

### 腮红修饰

由颧骨外缘向内斜下方晕染，强调颧弓下陷，增强面部立体感。颜色同样是由深到浅，由外轮廓逐渐向内轮廓过渡，可以产生拉长脸型的效果。

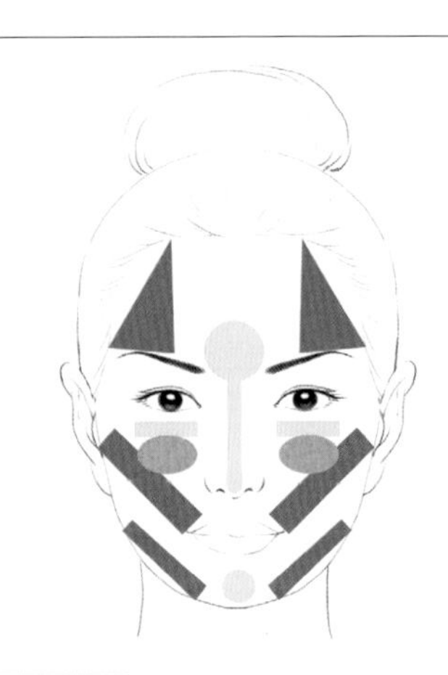

### 唇部修饰

唇峰略带棱角，唇形不宜太小，下唇底部平直，削弱面部圆润感。在颜色上，可以选择比较艳丽的颜色，以局部冲淡整体，使人从视觉上忽略脸型的不足。

### 眼部修饰

眼睛的修饰应该着重放在上眼睑眼影上，选择深色或者冷色系的眼影，着重表现眼睛的结构。眼影晕染的面积不宜过大或者过宽，否则会使眼部缺乏立体感。在外眼角处加宽加长眼线，使眼形拉长。

### 发型修饰

圆脸多数额前发际生得较低，发际多呈圆弧线型，在梳理时，前额应显得清爽简单，又不能完全露出前额。可用中分或三七分的发型，顶区发型尽量处理得高而且蓬松，两侧头发自然垂下，遮住过宽的面颊，可使脸型拉长。

## 方形脸

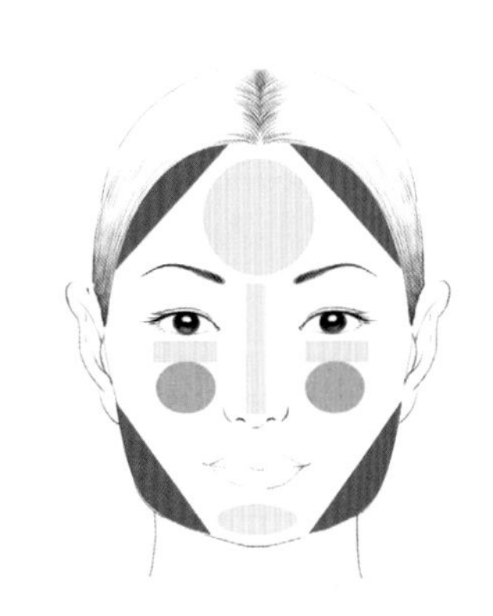

**脸型特征**

方形脸又称作“国字脸”，它的特点是前额与下颌宽而且方，角度转折比较明显。两腮突出，下巴短，发际线平直，整个面部呈方形。脸的长度与宽度相近。

方形脸的人给人感觉沉稳、坚毅、可靠，但却缺乏女性的柔美感。

**轮廓修饰**

利用阴影色削弱宽大的两腮及额头，使面部柔和圆润。选用浅色阴影粉涂于面部的内轮廓，利用高光粉强调额中部、颧骨上方及下颌部，使面部的中间突出。深色用于外轮廓，并将深色阴影粉涂于额角、两腮及下额角两侧，使面部看起来圆润柔和。

**眉形修饰**

修掉眉峰棱角，眉峰可以略向前移，使眉毛线条柔和圆润，眉形稍阔而微弯，眉尾不宜拉长。

**鼻部修饰**

鼻部的阴影色应重点放在鼻根的两侧，面积可以宽一点，可使鼻子挺拔；提亮色由鼻根一直晕染到鼻尖，使鼻型拉长，晕染的时候，颜色过渡要自然柔和。

**眼部修饰**

强调眼线圆滑流畅，拉长眼尾并微微上挑，增强眼部妩媚感。

**腮红修饰**

斜向晕染，过渡处要衔接自然，在颧弓下缘凹陷处腮红颜色较深，而向上至颧骨的位置颜色可以略浅，整体面积要小一些，可使面部有收缩感。

**唇部修饰**

强调唇型圆润感，两个唇峰不要靠得太近，上下唇都比较适合圆弧形的唇型。

**发型修饰**

柔软、浪漫的鬈发或是长长的碎直发都很适合方形脸，以两侧的头发自然地掩饰面部鼓凸出来的“刚硬”部分，面部线条看上去会柔和许多，为了使脸变长一些，可以适当增加头发的高度。

## 长形脸

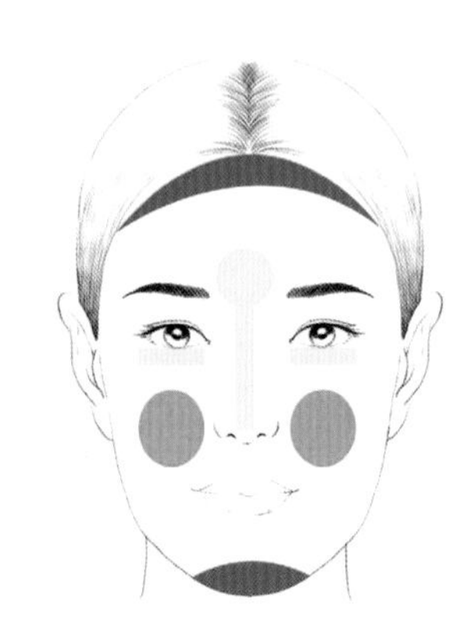

### 脸型特征

长形脸的特点是发际线和前额比较高，鼻子和下巴比较长，面颊消瘦、骨骼明显、面部的肌肉不够丰满。脸的长度和宽度的比例大于 4 : 3。

长形脸给人的印象是冷静、可靠、有性格，但同样缺少女性的柔美感，显得没有朝气。

### 轮廓修饰

长形脸发际线和前额比较高，下颌长，将阴影色的重点放在前额的发际线边缘以及下颌骨边缘，缩短整个脸型的长度。用高光色提亮眉骨、颧骨上方，鼻上高光色加宽但不延长，增强面部立体感。

### 鼻部修饰

长形脸不宜过度强调鼻影修饰，如果鼻型不够挺拔，只需要对鼻梁中部的两侧进行修饰即可，可用高光粉把鼻梁加宽，区域宽而短，收敛鼻子长度。

### 眼部修饰

将眼部修饰的重点放在外眼角，加深眼窝，眼影向外眼角晕染，眼线由内眼角向外眼角逐渐地加粗加重，加强眼形的长度。使眼部妆容立体，眼睛大而有神，忽略面部长度。

### 眉形修饰

适合平直略长的眉形，可以略微加粗，来扩充前额的宽度，从而缩短脸形。

### 腮红修饰

用横向晕染腮红的方法，利用横向面积破掉脸型的长度感。由颧骨外缘略向下处横向至面颊中部进行晕染，颜色仍然从发际边缘向内轮廓由深到浅淡地晕染。

### 唇部修饰

唇形宜圆润饱满，唇形不宜过小，突出表现唇部丰满润泽的效果。

### 发型修饰

前额处可以留刘海儿，并且做一些纹理丰富的造型，有效地减少面部长度，两侧的头发可以处理得蓬松、饱满，突出强调脸的宽度，这样会改变长方形脸型的视觉效果。

## 正三角形脸

### 脸型特征

正三角形脸也叫作“梨形脸”，它的特点是前额窄小而两腮肥大，角度转折比较明显，整体呈上窄下宽的形状。往往两眼间距较近，发际线不规则。这种脸型给人以稳重、踏实、富态、宽容的外在印象，但有时也显得迟钝和不灵活。

### 轮廓修饰

可于化妆前开发际，除去一些发际边缘的毛发，使额头变宽，用高光色提亮额头、眉骨、颧骨上方、太阳穴、鼻梁等处，使脸的上半部明亮、突出、有立体感。用暗影色修饰两腮和下颌骨处，收缩脸下半部的体积感。

### 眉形修饰

眉形平缓拉长，两眉间距可以适当加宽，这样可以拓宽脸的上半部。

### 鼻部修饰

鼻型尽量修饰得高而挺拔，提亮色在鼻梁上可以晕染得宽一些。

### 眼部修饰

眼影向外眼角晕染，上眼睑的眼影可以适当向斜上方晕染，下眼睑也应在外眼角处稍加点缀。上下呼应，眼线可以适当拉长并且上扬，增加眼部魅力。

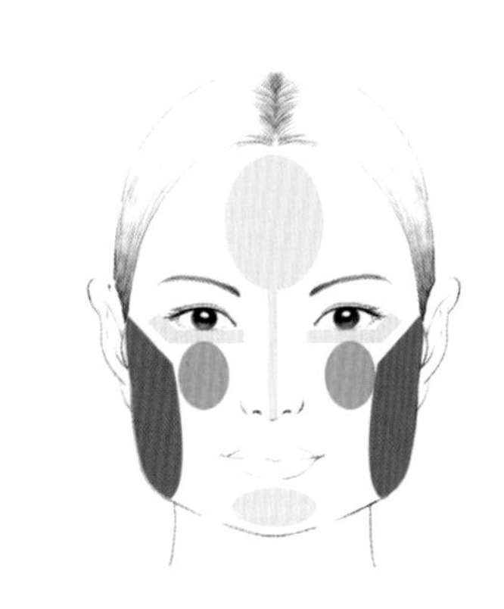

### 腮红修饰

先用咖啡色或较深色的腮红在颧弓外下方晕染，强调脸型的结构，再使用浅色的腮红晕染在颧弓处，使面颊显得更加有立体感。

### 唇部修饰

唇型应该丰满圆润，嘴角可以略向上翘，提升脸型特点带来的下坠感，颜色宜淡雅自然，让视觉忽略脸的下半部。

### 发型修饰

三角形脸，顶区发型尽可能地蓬松，面颊两侧的头发适合向内收敛，以遮住过于宽大的腮部。达到视觉上平衡的效果。

## 倒三角形脸

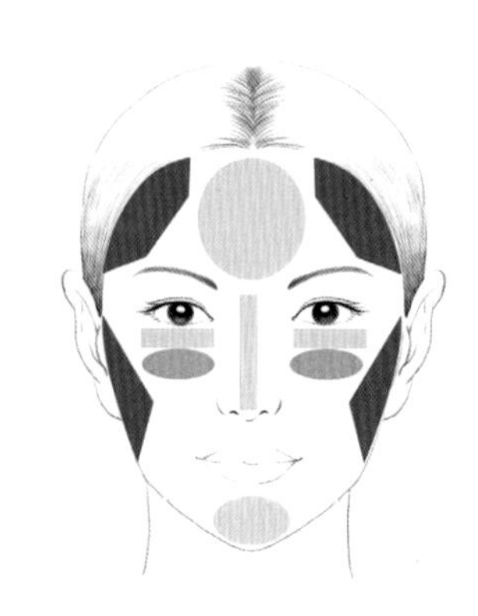

### 脸型特征

倒三角形脸与三角形脸正好相反，它的特点是前额宽大、颧骨凸出、下颌轮廓较窄，整体看上去是上宽下窄，两眼间距较宽。

倒三角形脸面形轮廓清爽脱俗，给人的感觉是秀美、纯情，但也显得过于单薄，缺少丰润感，给人留下一种病态的感觉。

### 轮廓修饰

用高光色提亮消瘦的面颊两侧，使面颊显得丰满圆润，用阴影色晕染额角及颧骨两侧，使脸的上半部收缩一些，注意阴影自然过渡。

### 眉形修饰

适当地缩短两眉间的距离，眉形应圆润微扬，不宜有棱角，眉峰略向前移，在眉毛 1/2 向外一点。

### 鼻部修饰

根据鼻子的外形，适当增强鼻子的立体感就可以了。

### 眼部修饰

眼影晕染重点在内眼角，眼线不宜拉长。

### 腮红修饰

由于面颊消瘦，腮红可以采用横向晕染的方式，由面部中央向外做横向的晕染。腮红的面积不宜过大，颜色过渡自然即可增强面部丰润感。

### 唇部修饰

唇形修饰圆润饱满，唇形不要过大。

### 发型修饰

头发长度以中长发或垂肩长发为宜，中分或稍侧分刘海儿。使脸型看起来丰满，发梢蓬松柔软的大波浪可以达到增宽下巴的视觉效果。

## 菱形脸

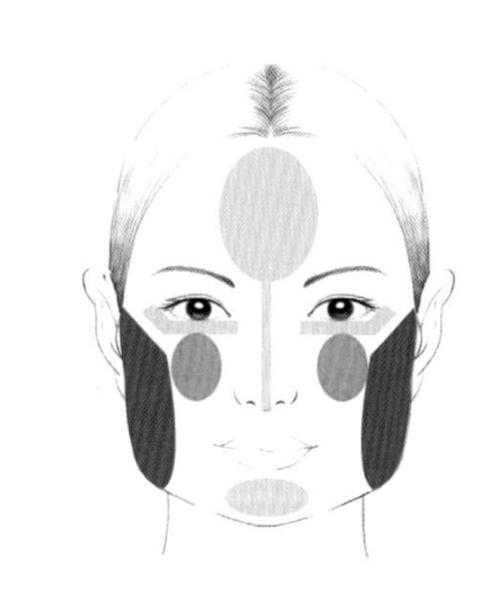

### 脸型特征

菱形脸额头较窄，颧骨凸出，下颏窄而尖，这种脸型比较难选发型，易给人以缺乏亲和力、尖锐、敏感的印象。

### 轮廓修饰

用阴影色修饰高颧骨和尖下巴，削弱颧骨的高度和下巴的凌厉感，在两额角和下颌两侧提亮，可以使脸型显得圆润一些。

### 眉形修饰

适合圆润的拱形眉，可打破脸上的多处棱角，尽量拓宽眉宇间的距离，眉峰可以略向后移，眉尾向外拉长。

### 鼻部修饰

鼻梁两侧的鼻影可以晕染得宽一些，鼻梁上的亮色要尽量晕染得窄一些，使鼻梁挺拔。

### 眼部修饰

将眼部的重点放在外眼角，眼影的晕染可以略向外向上。眼线的处理上，由内眼角向外眼角由细变粗，由浅到深，并在外眼角处适当拉长和上扬。

### 腮红修饰

腮红的修饰不宜过重，选择柔和淡雅的颜色在颧骨上稍作晕染，颧弓下方颜色可略深，只需要体现面部的红润感就可以了。

### 唇部修饰

唇型宜圆润一些，不可有棱角，下唇的轮廓可以略微平直，唇色同样可以选择略微鲜明的颜色，转移对不完美脸型的注意力。

### 发型修饰

疏松的空气感微鬈发就极好地润饰了上窄下也窄的菱形脸。刘海儿斜分能均衡脸型比例，一侧的发丝挂在耳后尽显成熟女人味。

BianMei
Hen JianDan
你也是明星之
五型美学
素人逆袭 轻松搞定明星美妆法
每个女人都有最适合自己的妆容类型，而每种妆容类型都有自己的核心特点，掌握核心特点，学会扬长避短，轻松画个完美妆容。
RUISTUDIO

# 可爱型

萌 · 乖巧 · 活泼 · 甜美 · 俏皮

## **可爱型** 特点

- 底妆：干净、细腻。
- 眉毛：自然眉形，没有过多的修饰感。
- 眼部：大眼睛、圆眼睛，不要有浓厚的眼线。
- 腮红：在苹果肌处，以打圈圈的手法涂抹。
- 唇部：以浅色系为主，可拿唇膏提亮，打造嘟嘟质感。
- 发型：可以采用编发、马尾、丸子头。

**底妆**　干净、细腻

粉嫩白皙似乎可以挤出水的超水润细腻的底妆是可爱型妆容的重点，打造出如婴儿般的娇嫩细致皮肤。

建议用水润 CC 霜作为打底，在涂抹之前最好可以先用有隐形毛孔作用的产品做好打底准备，这样在涂 CC 霜的时候皮肤就可以达到平滑细腻紧致的效果。

**眉毛** 自然眉形，没有过多的修饰感

平粗眉可以改变一个人的精气神，使整个人看起来变得萌萌哒，棕色的小粗眉更是能把妆容打造得时尚前卫，在平眉眉底线的位置用提高笔轻轻地扫一下，可以增加眉部的干净度，也可以让眉眼之间变得更加清澈。

这样既看不出妆痕，又能让眼眸炯炯有神。

**眼部** 大眼睛、圆眼睛、不要有浓厚的眼线

用带有微珠光的裸粉色眼影作为重点色，铺满整个上眼皮以及下眼皮的卧蚕部位，然后用粉棕色眼影涂在双眼皮褶皱的位置增加眼睛的立体感，注意要以眼球中间为重点，让眼型变圆，再用白色的提亮笔在眼角的位置涂抹，就像堵住眼角一样，用食指轻轻地推开，让眼角像是打开一样。用黑色眼线笔沿着睫毛根部画眼线，并在眼球中间的部位加粗使眼型变圆，佩戴假睫毛的时候也要选择中间长两边短的型号，使眼睛看起来大而有神，清澈可人。

**腮红** 在苹果肌处，以打圈圈的手法涂抹

为了增加可爱感，可以选择与唇膏同色系的嫩粉色腮红膏或是口红涂在苹果肌的位置，用手或是腮红刷轻轻涂抹，以圆的形状从里到外由深到浅的方式推开来，同时也要注意不要出现分界线，就像是从皮肤里透出来的红一般，范围越大，面颊就越显红润。

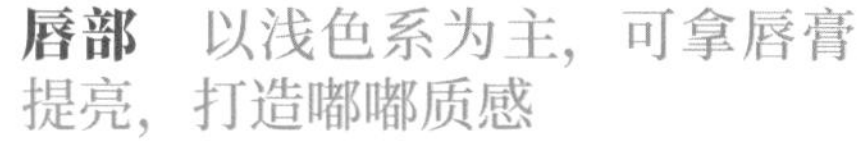

**唇部** 以浅色系为主，可拿唇膏提亮，打造嘟嘟质感

唇膏和腮红的颜色要一致，选用粉嫩色系，重点是在下嘴唇的位置涂抹略浅一度的带微珠光的唇膏，然后上下嘴唇抿一下，注意要抿到唇膏要溢出的样子才可以，再用纸巾吸走多余的油脂，用沾了一点粉底的手指将溢在唇外部的唇膏轻轻按压，从外到内轻轻地拍打，不要明显的唇线边缘，打造出红润微嘟如樱桃般的可爱唇妆。

发型可以采用编发、马尾、丸子头。

# 清新型

干净 · 年轻 · 清爽 · 有朝气
整体造型自然 · 淡雅 · 轻柔

## 清新型 特点

- 底妆：皮肤以白皙、通透、嫩滑为主。
- 眉毛：标准眉形。
- 眼部：眼神明亮、清澈，拒绝假睫毛与粗眼线。
- 腮红：自然接近肤色。
- 唇部：裸色系主打，以浅淡、自然为主。
- 发型：长发、微鬈发，发色最好是黑色。

**底妆** 皮肤以白皙、通透、嫩滑为主

清新底妆的重点在于零粉质、白皙水润、通透嫩滑的肌底妆。在护肤做好之后，用橄榄油或保湿霜以按摩的手法在脸上推开，可以使粉底呈现高质感的水润光泽。

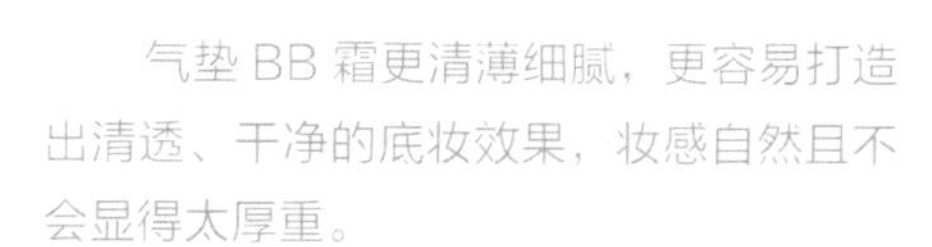

气垫 BB 霜更清薄细腻，更容易打造出清透、干净的底妆效果，妆感自然且不会显得太厚重。

**眉毛** 标准眉形

先用眉笔画出眉毛的轮廓，再用染眉膏填色，既能固定眉形也不易脱妆。切忌颜色不能太重，要有自然质感。

清新型的眼部妆容，眼睛会显得特别清澈。

**眼部** 眼神明亮、清澈，拒绝假睫毛与粗眼线

使用粉棕色眼影在眼窝 1/3 的位置晕染，稍比双眼皮宽一点，增加眼睛的轮廓感，但不要太重，以干净清爽为主，下眼睑也不要忘了。这样会使眼睛在无妆感的状态下更大一圈。用棕色眼线笔或眼影，用毛较短又集中的平头刷在睫毛根部画出一条眼线增加眼神感，拒绝粘贴假睫毛，用睫毛夹把睫毛夹翘，用拉长型睫毛膏刷出根根分明的效果即可。

**腮红** 自然接近肤色

用水润霜状腮红膏进行涂抹，先把水润霜挤在手背上，用手指进行轻轻摩擦，再在两腮处轻轻拍打推匀，让皮肤更透出光泽达到裸色腮红的效果。

**唇部** 裸色系主打，以浅淡、自然为主

选择裸粉色口红为嘴唇打底，均匀唇色，最后在唇中间用同色系更贴合唇色的唇彩点缀，打造饱满丰盈而立体亮泽的唇妆，涂抹后要隐约带有嘴唇本色才会更自然哦！

发型最好是黑色的长发、微鬈发。

# 性感型

妖娆 · 妩媚 · 诱惑 · 狂野

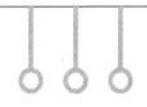

## 性感型 特点

- 底妆 亚光质地的粉底。
- 眉毛 可微微画出眉峰，凸显成熟性感。
- 眼部 眼线可适当延长，达到拉长眼形的效果。
- 腮红 腮红放大面积，修饰脸型的同时更加性感时尚。
- 唇部 可选择微珠光质地的唇膏。
- 发型 卷发、曲线明显，有狂野的纹路。

### 底妆 亚光质地的粉底

完美的肤质并不是说要白皙，而是光滑无瑕疵的美肌，自然的肤色对于男性来说才是真实的，也是最性感的。富有弹性的皮肤可以涂上服帖的粉底，在瑕疵部位用遮瑕膏加以覆盖，用最轻薄、具有较强定妆力的散粉轻轻地扑在脸上，盈造出细致粉雾质感的皮肤。

扑完散粉后用干粉刷在脸上轻轻地扫过，将多余的干粉都掸落下来，更能呈现完美细致的肌底妆感。

**眉毛**　可微微画出眉峰，凸显成熟性感

视觉上是向眉尾施压，所以眉峰画得稍微明显夸张也不会觉得不自然，或许会略显成熟，但与此同时会让你性感百倍哦。

**眼部**　棕色调＋黑色眼线勾画出的烟熏大眼妆

卷翘而浓长的睫毛，如同猫一般的性感、妩媚，绝对吸足眼球。

**腮红** 腮红放大面积，修饰脸型的同时更加性感时尚

充满健康的橘粉色腮红无意间会勾起男性的怜爱，腮红从太阳穴向嘴角方向由深到浅涂抹，与暗影浅淡相交，不会那么夸张，但足够展现脸型收紧的效果，同时还可以塑造小脸效果。

**唇部** 唇妆选用裸粉色

颜色较淡，温和雅致，细微的珠光可以增加唇的饱满度，让唇型丰满的同时也不失性感女人味。

发型最好是曲线明显，有狂野纹路的鬈发。

# 优雅型

端庄 · 高贵 · 知性
大方 · 温婉 · 精致

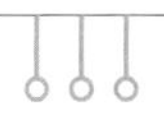

## 优雅型 特点

- 底妆：干净、均匀，与自身肤色接近。
- 眉毛：眉毛的形状为细而弯的眉形。
- 眼部：睫毛卷曲上翘，妆面干净，不宜浓妆，眼影和口红浅淡柔和。
- 腮红：柔和，过渡自然。
- 唇部：选择亚光，塑造有质感、有线条的唇形。
- 发型：多用中长发，最好有波浪感，或采用松散的盘发柔和的中长发，微鬈发，精致打理，盘发也漂亮。

**底妆** 水润与细致恰当的组合，使皮肤焕发出隐约的光泽，底妆是优雅型妆容的重点

粉底的色号一定要与自身肤色接近，在粉底中加入 1 ~ 2 滴带有珠光的提亮液，可以大大提高皮肤的光泽感。再用大型且饱满的散粉刷在脸上以拍打的方式定妆，这样比用粉扑或粉饼打造出来的皮肤更显水润感，同时粉质感也会大大减弱。对于粗糙和油脂分泌多的区域则要用干粉扑细细定妆，这是防止脱妆最行之有效的方法。

这样具有柔焦效果的细腻底妆，散发着透明光泽，让整个人看起来更加亲和。

**眉毛** 眉毛的形状为细而弯的眉形

拉长眉形从而调节脸型，用深棕色眉笔描画出略长、弧度自然的眉形，可以有效地让你的五官更加大气舒朗。眉色与你的发色保持一致。

**眼部** 深黑眼线清晰明眸，眼神清晰明亮是妆容的重点

选择亚光的米色和棕色眼影，再用浓黑眼线笔紧挨睫毛根部描画出自然清晰的眼线，外眼尾向外略微延长。最后仔细刷上两层浓密和纤长的睫毛膏使睫毛卷曲上翘，根根分明，使得整个眼妆精致讲究

**腮红** 大面积的腮红比画圆圈的方式更显女性气质

可以从嘴角上方至太阳穴位置都扫上淡淡的粉色，塑造桃红双颊，除了优雅更显温婉。

**唇部** 选择亚光，塑造有质感、有线条的唇形

选择暖调的珊瑚红、桃粉、玫红、正红色，可以很好地提升皮肤的健康感，且不会太显成熟。

微鬈发，精致打理，盘发也漂亮。

中性型
帅气 · 阳刚 · 个性 · 随性

## 中性型 特点

- 底妆：接近肤色的亚光色。
- 眉毛：平直略粗的眉形。
- 眼部：简约的线条感，亚光质感的眼影，不夹睫毛，可以刷睫毛膏。
- 腮红：裸色、香槟色为主，同样是亚光质感。
- 唇部：颜色不宜过于鲜亮，以肉色为主。
- 发型：短发，有点凌乱感，不要出现曲线。

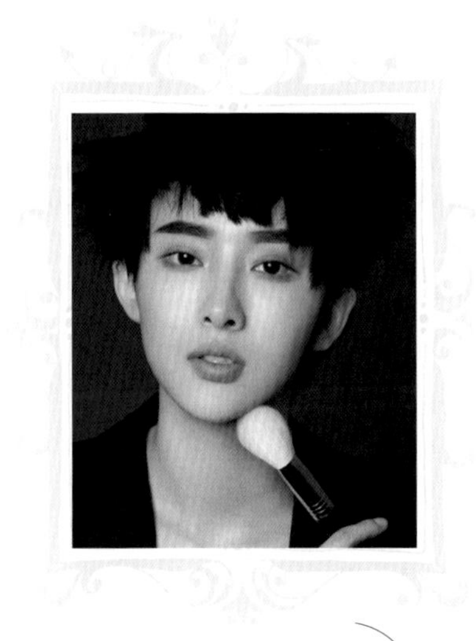

### 底妆 接近肤色的亚光色

中性妆容的底妆颜色强调的是自然气色，用与皮肤颜色最相近或略暗的粉底均匀按压在脸上，用遮瑕膏遮掉黑眼圈、痘印和斑点。增加皮肤质感，用粉饼或定妆力强的亚光色散粉将粉底压实压匀。

T 区与眼睛下方三角区需要薄一些，要使皮肤透出自然的光泽增加立体感与自然感。

**眉毛** 平直略粗的眉形

男人的眉毛一般比较浓密，所以在眉形上，我们要画略粗一些的平粗眉，在眉峰的位置可以突出一些，显出帅气刚毅的感觉。眉毛的颜色不能浓过于发色，在眉量不够的情况下，可以用黑色的眉笔在眉毛中画出清晰的线条，即在填满空隙的情况下，颜色也不会太黑，还可以增加立体。最后用透明染眉膏将眉毛定型，增加真实感。

**眼部** 简约的线条感，亚光质感的眼影，不夹睫毛，可以刷睫毛膏

选择亚光略深于肤色的眼影，用前移的方法涂在眼皮上，增加眼睛的深邃度与立体感，眉毛与眼窝过渡要自然。可以突出健康、冷酷的硬汉感觉。下眼皮的1.5mm 处也要涂抹，这样不仅更好地增加了眼睛的完整度与立体感，也会有放大眼睛的效果。睫毛不可卷翘，夹平不要遮挡眼神即可，睫毛根部用棕色眼线笔轻轻画一条眼线或只在眼尾部画一条细细的棕色眼线拉长眼睛，增加眼神感即可。

**腮红** 淡色、香槟色为主，同样是亚光质感

中性妆腮红的画法，忌讳打圈圈。要用斜扫的画法，让脸蛋看起来更加瘦长。颜色可以选择比肤色深一些的亚光质感的砖红色、深褐色的腮红进行混合上色，从耳际刷至颊骨的位置，由深至浅地与暗影相交融合，稍微向内延伸到颧骨下方，塑造立体脸型。切忌颜色过重。

**唇部** 颜色不宜过于鲜亮，以肉色为主

女生的唇色一般比较红润，所以在化中性妆的时候，先用略带一点粉底的海绵扑把唇边缘线模糊掉，再选择一款裸色粉膏薄薄地涂一层，但不要太厚，还是要透出本身的唇色，只不过是压淡一点而已。用纸巾把多余的油脂吸掉就完成了。

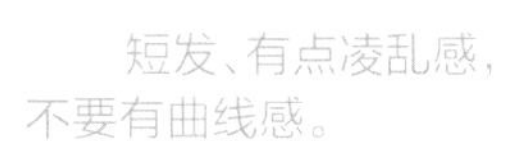

短发、有点凌乱感，
不要有曲线感。

图书在版编目（CIP）数据

变美很简单 / 马锐著. -- 北京 : 中国文史出版社,
2023.4
ISBN 978-7-5205-4106-0

Ⅰ. ①变… Ⅱ. ①马… Ⅲ. ①化妆—基本知识 Ⅳ.
①TS974.12

中国国家版本馆CIP数据核字(2023)第093256号

责任编辑：卜伟欣

出版发行：中国文史出版社
社　　址：北京市海淀区西八里庄路69号院　　邮编：100142
电　　话：010—81136606　81136602　81136603（发行部）
传　　真：010—81136655
印　　装：廊坊市海涛印刷有限公司
经　　销：全国新华书店
开　　本：16开
印　　张：12.5
字　　数：162千字
版　　次：2024年1月北京第1版
印　　次：2024年1月第1次印刷
定　　价：79.90元